T0224758

Lenkverfahren

Thomas Kuhn · Werner Grimm

Lenkverfahren

Eine Einführung in die Theorie und Praxis
der Flugkörperlenkung

Thomas Kuhn
Heiligenberg, Deutschland

Werner Grimm
University of Stuttgart
Stuttgart, Deutschland

ISBN 978-3-662-64210-8   ISBN 978-3-662-64211-5   (eBook)
https://doi.org/10.1007/978-3-662-64211-5

Die Deutsche Nationalbibliothek verzeichnet diese Publikation in der Deutschen Nationalbibliografie; detaillierte bibliografische Daten sind im Internet über http://dnb.d-nb.de abrufbar.

Planung/Lektorat: Markus Braun
Springer Vieweg ist ein Imprint der eingetragenen Gesellschaft Springer-Verlag GmbH, DE und ist ein Teil von Springer Nature.
Die Anschrift der Gesellschaft ist: Heidelberger Platz 3, 14197 Berlin, Germany

Vorwort

Das vorliegende Buch zum Thema Lenkverfahren entstand aus dem Wunsch heraus, die über Jahre weiter entwickelten Inhalte der gleichnamigen Vorlesung an der Universität Stuttgart in ihrer endgültigen, ausgereiften Form zu Papier zu bringen. Die Vorlesung wurde in den neunziger Jahren initiiert von Klaus H. Well, dem ersten Leiter des 1991 gegründeten Instituts für Flugmechanik und Flugregelung (iFR). Die ersten Lehrinhalte beruhten auf den Vorarbeiten von Klaus H. Well im Bereich Flugkörperlenkung am Deutschen Zentrum für Luft- und Raumfahrt (DLR). Seit 2009 besteht die Vorlesung aus einem universitären Anteil (Werner Grimm) und einem externen Lehrauftrag (Thomas Kuhn, Diehl Defence GmbH & Co. KG). Sie ist somit die Synthese aus einer eher theoretischen Sicht der Lenkverfahren und praktischen Anwendungsaspekten, wobei die jahrelange Erfahrung in zahlreichen Projekten zu Lenkflugkörpern und gelenkten Munitionen einfließt. Die Lehrveranstaltung ist in dieser Form dauerhaft am iFR verortet und stellt ein Angebot dar für die Master-Studiengänge Luft- und Raumfahrttechnik sowie Technische Kybernetik.

Bei den Lenkverfahren handelt es sich um ein besonderes Segment aus der allgemeinen Regelungstechnik. Viele Methoden und Verfahren aus der regelungstechnischen Ausbildung und Praxis sind auch für die Flugkörperlenkung anwendbar. Es gibt jedoch eine ganze Reihe von Besonderheiten, die eine separate Betrachtung und Behandlung erfordern. Genau diese Besonderheiten, welche sich auch einem gut ausgebildeten Regelungstechniker nicht ohne weiteres erschließen, bilden den Schwerpunkt sowohl der Lehrveranstaltung „Lenkverfahren" als auch des vorliegenden Buches. Ein besonderes Anliegen ist die Herleitung der Lenkverfahren

- mit regelungstechnischen Ansätzen und/oder
- flugmechanischen Überlegungen.

Dementsprechend sollte der Leser ein solides Vorwissen in Flugmechanik und Regelungstechnik mitbringen, insbesondere zu den Themen Übertragungsfunktion und Stabilitätskriterien. Die wichtigsten Zielgruppen sind

- Studierende einerseits und
- Berufseinsteiger und Praktiker andererseits,

denen eine vergleichsweise unkomplizierte Einarbeitung in das doch sehr spezielle Thema der Lenkverfahren ermöglicht werden soll. Das Buch soll den Leser mit den wichtigsten Fachbegriffen vertraut machen und ihn so befähigen, weiterführende Literatur wie etwa das Standardwerk von Siouris [4] oder spezielle Fachzeitschriftenartikel zu verstehen. Im günstigsten Fall ist das Buch eine Inspirationsquelle für eigene Anwendungen und Weiterentwicklungen.

Nach aktuellem Wissensstand der Autoren gibt es im deutschsprachigen Raum keine vergleichbare Alternative zur Lehrveranstaltung „Lenkverfahren". Genauso wenig gibt es entsprechende Fachliteratur in deutscher Sprache. Genau diese Lücke versucht dieses Buch zu schließen. Es ist wie gesagt eine Einführung und kein Nachschlagewerk und verzichtet dementsprechend auf umfangreiche Literaturverzeichnisse.

Naturgemäß liegt der Schwerpunkt der Lenkverfahren für Flugkörper auf den militärischen Anwendungen. Ungeachtet dessen versucht dieses Buch die Verwendung militärischer Termini weitestgehend zu vermeiden und eine möglichst neutrale ingenieurwissenschaftliche Perspektive einzunehmen.

Stuttgart   Thomas Kuhn
im Juni 2021   Werner Grimm

Verallgemeinerte Umkehrfunktion des Tangens

In der Flugmechanik bzw. Flugsimulation kommt häufig folgende Aufgabenstellung vor: Für gegebene Zahlen x, y ist der Winkel α gesucht, der die zwei Gleichungen

$$x = k \cdot \cos\alpha, \quad y = k \cdot \sin\alpha \quad \text{für} \quad k = \sqrt{x^2 + y^2} > 0$$

erfüllt. Außer im Fall $x = y = 0$ hat die Aufgabe eine eindeutige Lösung im Intervall $-\pi < \alpha \leq \pi$; sie wird im Weiteren bezeichnet mit

$$\alpha = \arctan_2(y, x)$$

Unter der Bedingung $x > 0$ (und nur in diesem Fall!) lässt sich α mit dem gewöhnlichen Arkustangens darstellen: $\alpha = \arctan(y/x)$. Insofern stellt $\arctan_2$ eine Verallgemeinerung des Arkustangens dar. $\arctan_2$ ist keine klassische Elementarfunktion der Mathematik, ist aber in vielen Programmiersprachen unter dem Namen atan2 vorhanden („four-quadrant inverse tangent").

Inhaltsverzeichnis

Abkürzungsverzeichnis

BTT	Bank to Turn
ECEF	Earth Centered Earth Fixed
ECI	Earth Centered Inertial
GPS	Global Positioning System
IMU	Inertial Measurement Unit
LOS	Line of Sight
NED	North-East-Down
PIP	Predicted Impact Point
PN	Proportionalnavigation
STT	Skid to Turn
ZEM	Zero Effort Miss

Überblick und Grundlagen 1

Zusammenfassung

Mit diesem Kapitel wird dem Leser ein erster Überblick zu dem Themenkomplex gegeben. Zunächst wird mit der Darstellung der Geschichte der Lenkflugkörper zugleich die thematische und die historische Einordnung vorgenommen. Dabei wird die Schwierigkeit einer abgrenzenden Definition der Lenkung bzw. der Lenkverfahren vom Gesamtkomplex der Lenkflugkörpertechnologien deutlich. Ungeachtet dieser Schwierigkeit wird eine praktisch anwendbare Definition der Lenkung formuliert. Mit dieser Definition wird zugleich eine Klassifikation der Lenkverfahren unter Bezugnahme auf die militärischen Anwendungen vorgenommen. Anschließend werden in einem stark vereinfachten Schema die wichtigsten, zum weiteren Verständnis erforderlichen Begriffe aus der Relativgeometrie vermittelt, die den Lenkverfahren zugrunde liegt. Schließlich wird die Lenkung als Teil eines Regelkreises, der so genannten Lenkschleife vorgestellt und die im Weiteren verwendeten Koordinatensysteme diskutiert.

1.1 Technologische Entwicklung

Flugkörper sind nach allgemeinsprachlichem Verständnis unbemannte, zum einmaligen Gebrauch bestimmte, von Menschenhand geschaffene oder zumindest eingesetzte Flugobjekte. Streng genommen beginnt deren Geschichte mit dem ersten Steinwurf in grauer Vorzeit und setzt sich über Speere, Pfeile, Kanonenkugeln und Geschosse fort. Dieses Buch beschränkt sich auf die Lenkflugkörper, also gelenkte Flugkörper.

Die ersten Prototypen in Form von unbemannten Flugzeugen, die sich in diese Kategorie einordnen lassen, entstanden in der Zeit des Ersten Weltkriegs [5]. Wir finden erste rudimentäre Techniken für autonomen Flug, beispielsweise die Unterstützung der Kurssteuerung durch einen Kreiselkompass. Die Reichweite wurde durch ein Zählwerk eingestellt.

T. Kuhn und W. Grimm, *Lenkverfahren*, https://doi.org/10.1007/978-3-662-64211-5_1

Der Motor wurde nach der voreingestellten Umdrehungszahl abgestellt und die Tragflächen wurden abgeworfen, wodurch der Sturzflug der Nutzlast zum Boden ausgelöst wurde.

Die eigentliche Ära des militärischen Einsatzes von Lenkflugkörpern begann in den letzten Jahren des Zweiten Weltkrieges. Es gab dazu etliche Entwicklungen auf allen Seiten. In Deutschland wurde erstmalig das Verfahren der Zieldeckungslenkung umgesetzt, um Lenkbomben ins Ziel zu bringen [6]. Die Bomben wurden wahlweise per Funk oder Draht ferngelenkt, der Schütze wurde durch farbige Leuchtsätze am Heck des Flugkörpers unterstützt. Am Beispiel der Lenkbomben wird deutlich, dass ein eigener Antrieb aus technischer Sicht nicht zum definierenden Merkmal des Lenkflugkörpers zählt.

Ebenfalls am Ende des Zweiten Weltkrieges kamen die ersten Marschflugkörper zum Einsatz [9]. Sie dienten zur zur Bekämpfung stationärer Ziele, die bis über 250 km entfernt sein konnten. Die Lenkung beruhte zunächst auf inertialer Navigation mit den entsprechenden Sensoren wie z. B. Lagekreisel und barometrischen Höhenmessern. Die Reichweite wurde wieder mithilfe eines Zählwerks eingestellt, indem nach einer voreingestellten Umdrehungsanzahl einer kleinen Luftschraube der Endanflug eingeleitet wurde. Auch mit der später entwickelten Funkfernlenkung blieb die Präzision im Zielgebiet jedoch mangelhaft.

Die ersten ballistischen Flüssigkeitsraketen wurden in der Schubphase mit einem einfachen Required-Velocity-Verfahren gelenkt [1]. Die Reichweite wurde durch den Zeitpunkt der Brennschlusskommandierung eingestellt. Die Zielrichtung wurde vor dem Start der Rakete justiert, indem eine speziell gekennzeichnete Heckflosse in Richtung des Ziels gedreht wurde. Trotzdem waren die Trefffehler immer noch erheblich, so dass die Geräte nur zur Bekämpfung ausgedehnter, quasi-stationärer Ziele infrage kamen. Eine Weiterentwicklung stellen Raketen zur Bekämpfung von Luftzielen dar; den ersten Prototyp gab es ebenfalls in den letzten Jahren des Zweiten Weltkriegs [7]. Die Lenkung beruhte auf der Einstellung des Kollisionskurses. Für die Zielverfolgung dachte man erstmals über den Einsatz eines Infrarot-Suchkopfs nach. Auch wenn der militärische Nutzen letztlich begrenzt war, sehen wir hier den Ausgangspunkt sämtlicher Entwicklungen taktischer wie strategischer militärischer Raketen, aber auch der zivilen Raumfahrt. Es ist festzustellen, dass die Unterscheidung von Rakete und Lenkflugkörper aus der Perspektive der Lenkverfahren nicht relevant ist. Während die militärische Nomenklatur tatsächlich zwischen Lenkflugkörper und Rakete unterscheidet, so ist eine gelenkte Rakete (und sei es „nur" ein Required-Velocity-Verfahren während der Schubphase) aus Sicht der Lenkverfahren grundsätzlich ein Lenkflugkörper.

Mit diesen historischen Beispielen aus dem Zweiten Weltkrieg sind die heute bekannten, wesentlichen Klassen von Lenkflugkörpern bereits vorgezeichnet bzw. erkennbar. Aus technologischer Sicht fehlte es diesen Lenkflugkörpern an besseren Sensoren bzw. Verfahren zur Navigation, Zielvermessung und Lenkung. Autonome, zielsuchende Lenkverfahren mit entsprechenden Zielsuchköpfen konnten noch nicht realisiert werden. An dieser Stelle setzten die aufwändigen Technologieentwicklungen des Kalten Krieges an.

In den fünfziger Jahren wurden große Fortschritte bei der Inertialnavigation erzielt. Hochpräzise (und heute nicht mehr zu bezahlende) Navigationssysteme ermöglichten die ersten Marschflugkörper (Cruise Missiles), die in der Lage waren, nukleare Gefechtsköpfe über tausende von Kilometern mit einer für taktische Ziele ausreichenden Genauigkeit zu verbringen. Mit den ersten Erfolgen der Raumfahrt demonstrierten die Gegner zugleich ihre militärischen Fähigkeiten auf dem Gebiet der interkontinentalen ballistischen Raketen. Von diesen Forschungs- und Entwicklungsergebnissen profitierte auch die Lenkflugkörpertechnologie. Ein entscheidender Schritt zum heutigen Lenkflugkörper war jedoch die Entwicklung der Zielsuchköpfe. Auf diese Weise gelang es, erste autonom bzw. halbautonom gelenkte Flugkörper gegen bewegte Ziele zu realisieren. Die ersten Infrarotsuchköpfe waren noch ungekühlt und relativ unempfindlich bzw. aufgrund ihrer Breitbandigkeit einfach zu stören. Mit den gekühlten Detektoren wurden immer leistungsfähigere Systeme realisierbar. Bis in die 70er-Jahre wurden sämtliche Funktionen der Lenkung und Regelung von Lenkflugkörpern mittels analoger Elektronik realisiert. In einem Artikel von Rollefson aus dem Jahre 1957 [10] wird deutlich, dass gegen Ende der 50er-Jahre alle bis heute wesentlichen Lenkflugkörpertechnologien bereits bekannt waren und weitestgehend beherrscht wurden. So waren als luftatmende Triebwerke (Engines) Turbojet und Ramjet ebenso bekannt wie die Raketenantriebe (Rocket Motor) mit festen und flüssigen Treibstoffen. Für die Feststofftriebwerke wurde bereits die Herstellung gewünschter Schubprofile beherrscht. Ebenso wurden schon damals mehrstufige Raketenantriebe verwendet. Zur Lenkung wurden die bis heute verwendeten aerodynamischen Ruder und Strahlruder, aber auch Korrekturtriebwerke genutzt. Für ballistische Raketen wurden Inertialnavigationssysteme und Bahnlenkverfahren verwendet. Die Beamrider-Lenkung wurde bereits realisiert. Auch anspruchsvollere Lenkverfahren wurden damals umgesetzt. Allerdings wurden die hochwertigen Analogrechner zur Berechnung der Lenkkommandos nicht im Lenkflugkörper, sondern im wieder verwendbaren Lenkstand untergebracht und die Lenkkommandos an den Lenkflugkörper per Funk übertragen, weswegen die Lenkflugkörper jener Tage relativ einfach durch funktechnische Maßnahmen zu stören waren. Schließlich werden in [10] bereits semiaktive und aktive Radarsuchköpfe und passive Infrarotsuchköpfe erwähnt. Allerdings wird nicht verschwiegen, dass die technologischen Herausforderungen dieser Zeit in der eingeschränkten Verfügbarkeit geeigneter Miniaturkreisel, Beschleunigungsmesser, Zieldetektoren und Signalverarbeitung bestanden: „It is necessary to push the state of the art in all these fields, and in so doing, it is inevitable that newly developed components will be used which are neither as rugged nor as well engineered as ones which had years of testing."

In dieser Blütephase der Lenkflugkörper Ende der 50er-Jahre bildeten die verwendeten Technologien jeweils den allerneuesten Stand der damaligen Technik ab und waren entsprechend noch keineswegs ausgereift. Damit wurde die Zuverlässigkeit zu einer der zentralen Herausforderungen an die Lenkflugkörpertechnologie. In [10] wurde dazu die Frage aufgeworfen, warum Lenkflugkörper gelegentlich in Flugtests versagen. Die Antwort darauf: Weil zum einen zahlreiche völlig neue Komponenten gleichzeitig, autonom und für die Dauer der gesamten Mission zuverlässig funktionieren müssen und zum anderen die Bedingungen, denen diese Komponenten während des Fluges ausgesetzt sind, nicht einfach zu beherrschen sind. Speziell erwähnt werden die schlecht vorhersagbaren Vibrationen während des Fluges. Es wird zusammenfassend festgestellt, dass die zugrundeliegenden wissenschaftlichen Prinzipien der Lenkflugkörpertechnologien vollständig bekannt sind und keine wissenschaftlichen Durchbrüche mehr notwendig sind, um Lenkflugkörper zu realisieren. Allerdings stand den Lenkflugköpertechnologien zu dieser Zeit noch ein weiter Weg der Reifung bevor, insbesondere Forschungsarbeiten auf den Gebieten neuer Materialien, Treibstoffe, Detektoren, Sensoren und der Signalverarbeitung. In diese Phase fallen Ereignisse wie die Wiederbewaffnung Deutschlands, die Übernahme der Lizenzfertigung für den Lenkflugkörper Sidewinder durch das Bodenseewerk Gerätetechnik (ab 1989 Diehl) und der Beginn der Forschungsarbeit zu Lenkverfahren für Flugkörper durch die Deutsche Forschungs- und Versuchsanstalt für Luft- und Raumfahrt (DFVLR, später DLR).

Mit der Verfügbarkeit von Mikroprozessoren in den späten 70er-Jahren hielt die digitale Elektronik Einzug in die Lenkflugkörper. Mit einem Male wurden komplexe Algorithmen zur Signalverarbeitung realisierbar. So entstanden Suchköpfe mit der Fähigkeit zur Bildverarbeitung, und anspruchsvolle Lenkverfahren konnten nunmehr direkt im Flugkörper implementiert werden, was die Störbarkeit deutlich reduzierte. Ebenso konnten leistungsfähigere bzw. kostengünstigere Navigationsmethoden (Strapdown) und Regelungsstrategien verwendet werden.

Auch die Sensorik konnte in den letzten 40 Jahren deutlich verbessert werden. Immer präzisere Detektoren wurden möglich, miniaturisierte, robuste und zugleich präzise Inertialsensoren wurden verfügbar, und die Komponentenkosten konnten immer weiter reduziert werden. Gleichzeitig wurden Technologien, die zunächst nur den militärischen Anwendungen – insbesondere den Lenkflugkörpern – vorbehalten waren, zunehmend der zivilen Nutzung zugeführt. Bekanntestes Beispiel ist das Global Positioning System (GPS). Aber auch der zunehmende Einsatz von Inertialsensoren in der Automobilindustrie (Electronic Stabilization Program – ESP) bis hin zu den Fähigkeiten heutiger Smartphones ist letzten Endes auf die Forschungs- und Entwicklungsergebnisse für Lenkflugkörper zurückzuführen. Auch sollte die aufgrund der Miniaturisierung möglich gewordene Anwendung der Lenkflugkörpertechnologien auf rohrverschossene Projektile, so genannte Lenkmunition, erwähnt werden.

In den 80er-Jahren entstanden die ersten Systemdemonstratoren für eine völlig neue Fähigkeit von Lenkflugkörpern, nämlich der Bekämpfung ballistischer Raketen durch Direkttreffer – so genannte „Hit to Kill" Flugkörper. In diesen Jahren entstanden darüber hinaus zahllose neue Flugkörpertypen, oftmals Speziallösungen für bestimmte Anwendungsgebiete. Zugleich erweiterte sich die technologische Wissensbasis stetig, jedoch gekennzeichnet durch ein eher quantitatives als ein qualitatives Wachstum. Als charakteristisch für diese Epoche kann gelten, dass die anspruchsvollen Technologien zur Entwicklung und Fertigung von Lenkflugkörpern nur von den entwickelten Industriestaaten auf beiden Seiten des Eisernen Vorhangs beherrscht wurden. Auch gingen die Großmächte des Kalten Krieges mit Rüstungsexporten noch relativ restriktiv um. Zwar wurden Lenkflugkörper exportiert, die technologischen Fähigkeiten zu deren Weiter- und Neuentwicklung beschränkten sich jedoch auf relativ wenige Staaten.

Das aktuelle Kapitel der Geschichte der Lenkflugkörper hat mit dem Ende des Kalten Krieges begonnen und ist durch die weltweite Einführung und tatsächliche Anwendung von Lenkflugkörpern in militärischen Konflikten gekennzeichnet. Waren die Konflikte, in denen Lenkflugkörper zum Einsatz kamen, bis dahin überschaubar (Korea, Vietnam, Falkland, Iran/Irak, Israel/Syrien/Ägypten), verbreiteten sich durch das Ende des Kalten Krieges Lenkflugkörper und ihre Technologien teilweise unkontrolliert über die Welt, und Lenkflugkörper wurden zunehmend auch in lokalen Konflikten bzw. von Terroristen eingesetzt. Gleichzeitig wurden in diesen Jahren weltweit neue Flugkörperprogramme realisiert. Durch immer bessere und kostengünstigere Schlüsselkomponenten konnten sich die Lenkflugkörper neue Anwendungsgebiete erschließen. Durch die Anwendung verfügbarer Technologien ist es inzwischen gelungen, sehr präzise Lenkflugkörper in die artilleristische Anwendung zu bringen und für deutlich unter 100.000 US$ pro Stück in großer Anzahl herzustellen. Noch kostengünstiger sind moderne infanteristische Lenkflugkörper.

Dagegen kann aus der Forschung zu den Lenkverfahren selbst nicht viel qualitativ Neues berichtet werden. Natürlich sind die entscheidenden Flugkörperkomponenten mit den Jahren leistungsfähiger, leichter, robuster und billiger geworden. Und natürlich wird weltweit noch immer geforscht, interessanterweise kommen zahlreiche einschlägige Veröffentlichungen zu neuen Lenkverfahren aus China, Indien und dem Iran. Heute besteht angesichts einer für den einzelnen Fachmann unüberschaubaren Vielfalt weltweit realisierter Flugkörperprojekte und Veröffentlichungen eher die Gefahr, längst verfügbare Lösungen, Methoden oder Verfahren zu übersehen und im besten Falle wiederzuentdecken. Die jeweiligen nationalen Vorschriften zur Geheimhaltung sind dabei einer um Vollständigkeit und Systematik bemühten wissenschaftlichen Betrachtung der Thematik mitunter hinderlich.

1.2 Lenkflugkörper und Lenkverfahren – Versuch einer Definition

Bevor versucht wird, eine Definition für den Begriff der Lenkung zu formulieren, soll das Anwendungsgebiet selbst, nämlich die Lenkflugkörper, kurz umrissen werden. Es handelt sich nach allgemeinem Verständnis bei Lenkflugkörpern um unbemannte Fluggeräte, die als Waffe eingesetzt werden. Das Vorhandensein einer Lenkung, also die Anwendung der Lenkverfahren bildet das definierende Merkmal. Anhand von Abb. 1.1 soll der Aufbau eines typischen Lenkflugkörpers dargestellt werden. Wie jedes Fluggerät verfügt auch der Lenkflugkörper über eine Zelle, in bzw. an welche sämtliche Komponenten bzw. Subsysteme integriert werden. Von außen sichtbar sind die aerodynamisch wirksamen Flächen wie Flügel und Ruder. Die Ruder werden als Stellglieder der Flugregelung von einem Ruderstellsystem angetrieben.

Lenkflugkörper verfügen in der Regel über ein eigenes Triebwerk, das zumeist als Raketenantrieb ausgeführt ist. Es gibt aber auch Lenkflugkörper mit luftatmenden Triebwerken wie Turbinen oder Ramjets. Darüber hinaus gibt es gelenkte Munitionen, die ihre Anfangsgeschwindigkeit durch den Verschuss aus einer Rohrwaffe gewinnen. Im militärischen

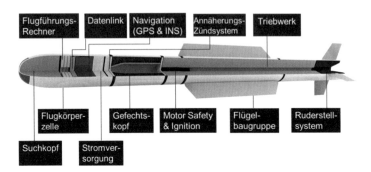

Abb. 1.1 Schematischer Aufbau eines Lenkflugkörpers

Sprachgebrauch sind diese Munitionen keine Lenkflugkörper – aus technischer Sicht aber schon. Genauso gibt es Lenk- und Gleitbomben, die aus technischer Sicht, auch wenn sie über keinen eigenen Antrieb verfügen, als Lenkflugkörper zu bezeichnen sind. Lenkflugkörper können über einen Gefechtskopf als Nutzlast verfügen. Zur Zündung bei Zielannäherung werden entsprechende Sicherungs- und Zündsysteme eingesetzt. Es gibt aber auch Lenkflugkörper, deren Wirkung ausschließlich auf der beim Direkttreffer umgesetzten kinetischen Energie beruht. Lenkflugkörper benötigen zwingend Inertialsensorik. Moderne Lenkflugkörper verwenden digitale Flugführungsrechner. Zielsuchende Lenkflugkörper verfügen über einen Suchkopf. Sämtliche elektrischen bzw. elektronischen Komponenten und Subsysteme benötigen selbstverständlich eine entsprechende Stromversorgung, die bei Lenkflugkörpern vorwiegend in Form von Thermalbatterien ausgeführt wird.

Üblicherweise werden Flugkörper nach dem Ort ihres Missionsbeginns bzw. ihres Trägersystems und dem Ort ihres Ziels klassifiziert. Als zusätzliches Merkmal wird die relative Reichweite verwendet. So wird beispielsweise der Flugkörper IRIS-T (Infra Red Image Seeker – Thrust Vector Controlled) treffend als Luft-Luft-Flugkörper kurzer Reichweite klassifiziert (siehe Abb. 1.2). Im Gegensatz dazu wird die gelenkte Artillerierakete GMLRS (Guided Multiple Launch Rocket System) als Boden-Boden-Flugkörper mittlerer Reichweite bezeichnet. Alternativ können Flugkörper auch nach ihrer Agilität, d. h. ihrer Manövrierfähigkeit klassifiziert werden. Die sehr agile IRIS-T würde dann als typischer Lenkflugkörper bezeichnet werden. Dagegen kann die GMLRS, obwohl sie über eine Lenkung verfügt, im Wesentlichen als ballistische Rakete angesehen werden. Im Englischen ist hier sehr treffend die Unterscheidung zwischen Missile und Rocket gegeben. Schließlich können Flugkörper auch nach dem verwendeten Lenkverfahren klassifiziert werden. Die IRIS-T ist – gemäß ihrer Bezeichnung – ein mittels passivem Infrarotsuchkopf gelenkter Flugkörper. Die GMLRS ist ein mittels GPS/INS gelenkter Flugkörper. Lenkung wird unter der Abkürzung GNC („guidance, navigation, and control") häufig in einem Zug mit Navigation und Regelung genannt. Die Bedeutung der einzelnen Bereiche und ihre Wechselwirkung sind offensichtlich. Das folgende Zitat aus [8] fasst die Rolle von Lenkung, Regelung und Navigation zusammen:

(a) IRIS-T   (b) GMLRS

Abb. 1.2 Beispiele für Flugkörperklassen

> **Navigation** is concerned with determining where you are relative to where you
> want to be,
> **Guidance** with getting yourself to your destination,
> and **Control** with staying on track.

Die Definition dieser drei Begriffe besagt, dass sich die Navigation mit der Bestimmung der eigenen Position relativ zum Ziel befasst. Die Lenkung ist dafür verantwortlich, dass das Ziel auch erreicht wird, während die Regelung die Einhaltung des von der Lenkung vorgegebenen Pfades sicherstellt. Im Sinne dieser Definition sind die in unseren Kraftfahrzeugen verwendeten, sogenannten Navigationssysteme mehr als das, sie übernehmen nämlich neben der Navigation auch noch die Aufgabe der Lenkung, indem sie uns den Weg zum Ziel weisen. Dem in unbekannter Umgebung dem Navigationssystem ausgelieferten unmündigen Fahrer ist nur noch die Aufgabe der Regelung geblieben, nämlich den Wagen sicher (und unter Beachtung der Verkehrsregeln) auf dem von der Lenkung gewiesenen Pfad zu halten. Weicht der Fahrer von diesem ab, so ist es die Aufgabe der Lenkung (in diesem Beispiel also des Navigationssystems), einen alternativen Pfad zu erarbeiten.

Die Lenkung ist definitionsgemäß dafür verantwortlich, dass der Flugkörper ein bestimmtes Ziel erreicht. Der Begriff „Ziel" ist als Missionsziel im weitesten Sinne zu verstehen. Bei militärischen Anwendungen geht es um die Annäherung an ein gegnerisches Objekt, also ein Ziel im engeren Sinne. In der zivilen Raumfahrt kann das Ziel im Sinne der Lenkung darin bestehen, eine Rakete auf eine gewünschte Umlaufbahn zu bringen. Um das zu erreichen, erzeugt die Lenkung ein Lenkkommando in Form von Sollwerten für bestimmte Bewegungsgrößen, z. B. eine kommandierte Beschleunigung oder eine kommandierte Lage. Der Algorithmus, der das Lenkkommando aus geeigneten Messwerten berechnet, heißt Lenkgesetz. Genau wie ein Regelgesetz wird ein Lenkgesetz nicht nur einmal ausgewertet, sondern mit einer festgelegten Taktrate ständig aktualisiert. Das Lenkgesetz kann eine einfache Formel sein. Es kann aber auch ein komplizierter Algorithmus sein, der intern die Trajektorie bis zum Erreichen des Ziels plant (Bahnplanung).

Die Rolle der Regelung im Zusammenspiel mit der Lenkung ist offensichtlich. Sie muss dafür sorgen, dass das Lenkkommando in Form einer kommandierten Bewegungsgröße umgesetzt wird. Regelungstechnisch ausgedrückt, muss die tatsächliche Größe, der Istwert, dem Kommando, dem Sollwert, folgen. Das Regelgesetz berechnet dazu aus der Regeldifferenz ein geeignetes Steuerkommando. Die eigentliche Eingabegröße der Lenkung ist die Relativgeometrie, also die augenblickliche Position und Geschwindigkeit sowohl des Ziels als auch des Flugkörpers. Ebenso eingängig ist das Zusammenspiel der Lenkung mit der Navigation. Nur wenn die eigene Position und Geschwindigkeit (relativ zum Ziel) bekannt sind, kann ein geeigneter Weg zum Ziel bestimmt werden. Die Funktionen Lenkung (Guidance), Navigation und Regelung (Control) werden nicht nur unter der Abkürzung GNC zusammengefasst, sondern sind in der praktischen Anwendung aufgrund der engen Verzahnung nur schwer voneinander abzugrenzen. Für die GNC-Funktionen gilt:

- Sie teilen sich die Rechenkapazität des Bordrechners.
- Sie müssen hinsichtlich des Datenaustausches und der erforderlichen Ein- und Ausgabedaten aufeinander abgestimmt werden.
- Sie können auf die gleichen Sensoren zugreifen. Z. B. versorgt die Inertial Measurement Unit (IMU) eines Flugkörpers sowohl die Navigation als auch die Regelung mit den gemessenen Beschleunigungen und Drehraten.
- Lenkung, Regelung und Navigation müssen im digitalen Betrieb bzgl. der Taktzeit aufeinander abgestimmt werden.
- Die Entwurfsanforderungen an Lenkung, Regelung und Navigation sind zwingend voneinander abhängig. So ergeben sich beispielsweise aus der Lenkung Anforderungen an die Regelgüte.

Schließlich können Lenkung, Navigation und Regelung auch Entwurfsmethoden gemeinsam haben. So wird z. B. gezeigt, wie man mit dem regelungstechnischen Entwurfsverfahren der EA-Linearisierung Flugkörperlenkgesetze herleiten kann. Umgekehrt ist modellprädiktive Regelung eng verwandt mit Lenkung auf der Grundlage interner Bahnplanung. Schließlich kommt in der Navigation die Kalman-Filterung zur Sensordatenfusion genauso zum Einsatz wie in der Lenkung zur Filterung der Zieldaten.

1.3   Grundbegriffe der Lenkverfahren

Hier sollen die zum Verständnis der Lenkverfahren benötigten Begriffe vorab kurz erklärt werden. Um dies besonders anschaulich zu halten, wird in diesem Kapitel, wie in Abb. 1.3 gezeigt, zunächst eine einfache Darstellung in der Ebene verwendet. Die Erweiterung der gleichen Begriffe und Zusammenhänge auf den Raum unter Verwendung der Vektordarstellung erfolgt in einem späteren Kapitel. Den ersten und wichtigsten Begriff stellt das **inertiale Koordinatensystem** dar. Sämtliche der nachfolgend dargestellten Methoden und Verfahren

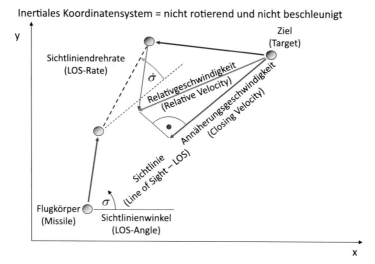

Abb. 1.3 Grundbegriffe der Relativgeometrie

zur Flugkörperlenkung beruhen auf diesem theoretischen Konstrukt. In der Theorie, d. h. aus physikalisch-mathematischer Sicht ist das inertiale, also das ruhende Koordinatensystem dadurch definiert, dass es weder rotiert noch beschleunigt wird. In der Praxis ist die geeignete Wahl und die technische Implementierung des jeder Flugkörperlenkung zugrundeliegenden inertialen Koordinatensystems oft die zentrale ingenieurmäßige Herausforderung.

In dem einfachen, hier betrachteten Szenario gibt es zwei Teilnehmer, das Ziel (englisch Target), im Weiteren mit dem Index T gekennzeichnet, und den mit dem Index M gekennzeichneten Flugkörper (englisch Missile), der durch Anwendung der Lenkung idealerweise das Ziel treffen soll. Beide Teilnehmer zeichnen sich durch die im inertialen Koordinatensystem beschriebenen Vektoren ihrer Positionen und Geschwindigkeiten aus.

Die Verbindung zwischen Ziel und Flugkörper, also die vektorielle Differenz der Positionen, wird als **Sichtlinie,** englisch Line of Sight und abgekürzt LOS bezeichnet.

$$\vec{R} = \vec{X}_T - \vec{X}_M = \begin{pmatrix} x_T \\ y_T \end{pmatrix} - \begin{pmatrix} x_M \\ y_M \end{pmatrix} = \begin{pmatrix} \Delta x \\ \Delta y \end{pmatrix} \tag{1.1}$$

Gegenüber dem inertialen Koordinatensystem nimmt die Sichtlinie den hier mit σ bezeichneten Sichtlinienwinkel ein.

$$\sigma = \arctan_2(\Delta y, \Delta x) \tag{1.2}$$

Die vektorielle Differenz der Geschwindigkeiten bildet die **Relativgeschwindigkeit,** englisch Relative Velocity.

$$\dot{\vec{R}} = \dot{\vec{X}}_T - \dot{\vec{X}}_M = \begin{pmatrix} \Delta \dot{x} \\ \Delta \dot{y} \end{pmatrix} \tag{1.3}$$

Die Projektion der Relativgeschwindigkeit auf die Sichtlinie bildet einen Skalar und wird
als **Annäherungsgeschwindigkeit,** englisch Closing Velocity, bezeichnet.

$$v_c = -\frac{\vec{R}^T \dot{\vec{R}}}{\|\vec{R}\|} = -\frac{\Delta x \Delta \dot{x} + \Delta y \Delta \dot{y}}{\sqrt{\Delta x^2 + \Delta y^2}} \tag{1.4}$$

Geht man jetzt unter der Annahme einer nicht beschleunigten Relativgeometrie einen infi-
nitesimalen Zeitschritt in die Zukunft, dann finden sich Ziel und Flugkörper an neuen Positionen wieder. Die Sichtlinie hat dabei ihre inertiale Ausrichtung geändert. Diese zeitliche
Änderung des Sichtlinienwinkels wird als **Sichtliniendrehrate** bezeichnet. Mit der Ableitung von Gleichung (1.2) ergibt sich folgender Ausdruck für die Sichtliniendrehrate:

$$\dot{\sigma} = \frac{1}{1 + \left(\dfrac{\Delta y}{\Delta x}\right)^2} \frac{\Delta \dot{y} \Delta x - \Delta y \Delta \dot{x}}{\Delta x^2} = \frac{\Delta \dot{y} \Delta x - \Delta y \Delta \dot{x}}{\Delta x^2 + \Delta y^2} \tag{1.5}$$

Um die Bedingung für den Treffer bzw. den in Abb. 1.4 illustrierten **Kollisionskurs,** nämlich
eine nicht rotierende Sichtlinie zu erhalten, reicht es, den Ausdruck im Zähler zu null zu
setzen.

$$0 = \Delta \dot{y} \, \Delta x - \Delta y \, \Delta \dot{x} \tag{1.6}$$

Ist diese Bedingung für den Kollisionskurs erfüllt, so existiert ein Raumpunkt, in dem sich
Ziel und Flugkörper in der Zukunft treffen werden. Dieser wird Predicted Impact Point (PIP)
genannt. Die Flugzeit zum PIP heißt „Restflugzeit" (**Time-to-Go**). Die Bedingung für den
Kollisionskurs lässt sich so interpretieren, dass das gleichzeitige Erreichen des PIP in allen
Koordinatenrichtungen notwendig ist.

Abb. 1.4 Kollisionskurs

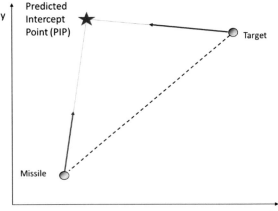

$$-\frac{\Delta x}{\Delta \dot{x}} = -\frac{\Delta y}{\Delta \dot{y}} = t_{go} \tag{1.7}$$

D. h. die Restflugzeit bis zum PIP muss für jede Koordinatenrichtung gleich sein. Eine weitere Interpretation der Bedingung für den Treffer bzw. den Kollisionskurs ist die Parallelität von Sichtlinie und Relativgeschwindigkeit. D. h., Flugkörper und Ziel nähern sich ausschließlich entlang der Sichtlinie einander an.

$$\frac{\Delta y}{\Delta x} = \frac{\Delta \dot{y}}{\Delta \dot{x}} \tag{1.8}$$

Solange der Kollisionskurs noch nicht eingestellt ist, ergibt sich eine Zielablage. D. h. der Flugkörper würde ohne zu lenken das Ziel verfehlen. Der Vektor der nächsten Annäherung $\vec{Z}$, der ohne weiteren Lenkaufwand (zero effort) zustande käme, wird als **Zero Effort Miss (ZEM)** bezeichnet. Es gilt:

$$\vec{Z} = \vec{R} + \dot{\vec{R}}\, t_{go} = \begin{pmatrix} \Delta x + \Delta \dot{x}\, t_{go} \\ \Delta y + \Delta \dot{y}\, t_{go} \end{pmatrix} \tag{1.9}$$

Um die Restflugzeit zu bestimmen, wird das Quadrat des Betrages des ZEM bestimmt.

$$\|\vec{Z}\|^2 = \left(\Delta x + \Delta \dot{x}\, t_{go}\right)^2 + \left(\Delta y + \Delta \dot{y}\, t_{go}\right)^2 \tag{1.10}$$

Leitet man diesen Ausdruck nach t_{go} ab und setzt die Ableitung zu null, kann die Restflugzeit direkt berechnet werden.

$$0 = 2\Delta \dot{x}\left(\Delta x + \Delta \dot{x}\, t_{go}\right) + 2\Delta \dot{y}\left(\Delta y + \Delta \dot{y}\, t_{go}\right) \tag{1.11}$$

$$0 = \Delta \dot{x}\Delta x + \Delta \dot{y}\Delta y + \left(\Delta \dot{x}^2 + \Delta \dot{y}^2\right) t_{go} \tag{1.12}$$

$$t_{go} = -\frac{\Delta \dot{x}\Delta x + \Delta \dot{y}\Delta y}{\Delta \dot{x}^2 + \Delta \dot{y}^2} = -\frac{\vec{R}^T \dot{\vec{R}}}{\|\dot{\vec{R}}\|^2} \tag{1.13}$$

Ersetzt man den Zähler in (1.13) mithilfe der Formel (1.4) für die Annäherungsgeschwindigkeit, so erhält man:

$$t_{go} = -\frac{\vec{R}^T \dot{\vec{R}}}{\|\dot{\vec{R}}\|^2} = \frac{\|\vec{R}\| \cdot v_c}{\|\dot{\vec{R}}\|^2} = \frac{\|\vec{R}\|}{v_c} \cdot \left(\frac{v_c}{\|\dot{\vec{R}}\|}\right)^2 \tag{1.14}$$

Wie in Abb. 1.3 angedeutet, kann man v_c als Projektion der Sichtlinie auf die Relativgeschwindigkeit auffassen. Daher ist $v_c \leq \|\dot{\vec{R}}\|$, und der rechte Faktor in (1.14) ist kleiner gleich eins. Gleichheit gilt genau im Fall des Kollisionskurses; in dieser Situation ist die Sichtlinie antiparallel zur Relativgeschwindigkeit. Nur dann stellt t_{go} die vorhergesagte Flugzeit bis zum Treffer dar, ansonsten markiert t_{go} den Zeitpunkt des minimalen Abstands. Dem Sonderfall des Treffers entsprechend, wird t_{go} im Weiteren als Abkürzung für den Quotienten aus Abstand und Annäherungsgeschwindigkeit verwendet.

$$t_{go} = \frac{\|\vec{R}\|}{v_c} \tag{1.15}$$

1.4   Einteilung der Lenkverfahren

Die in diesem Buch behandelten Lenkverfahren lassen sich in typischen Klassen zusammenfassen. Eine Einteilung zur Unterscheidung der Verfahren ist in Abb. 1.5 dargestellt.

Kommandierte Lenkung bedeutet, dass der Flugkörper von einem Lenkstand bzw. Lenkkomplex aus ins Ziel gelenkt wird. Hierzu gibt es zwei prinzipielle Lösungen: Die Fernlenkung und das Beamrider-Verfahren (Lenkstrahlverfahren). Ein spezielles Lenkgesetz, das typischerweise bei beiden Verfahren zur kommandierten Lenkung umgesetzt wird, ist die Zieldeckungslenkung. Dabei wird versucht, den Flugkörper auf der Verbindungslinie zwischen Lenkstand und Ziel zu halten.

Bei der Fernlenkung werden die Lenkkommandos am Lenkstand/Lenkkomplex erzeugt und an den Flugkörper übermittelt. Dazu werden Ziel und Flugkörper gleichzeitig vom Lenkstand aus vermessen. Die früher zur Vermessung angewandte Radartechnologie wurde mittlerweile durch visuell-optische Verfahren abgelöst. In den ersten Realisierungen wurden die Ruderkommandos noch manuell eingegeben (Fernsteuerung). In modernen Verfahren erfolgt die Berechnung der Lenkkommandos automatisiert durch den Lenkkomplex. Diese werden an den Flugkörper übertragen und dort von einem bordeigenen Flugregler in entsprechende Ruderkommandos umgesetzt.

Eine andere Ausführung der kommandierten Lenkung sind die so genannten Beamrider-Verfahren. Dabei wird das Ziel vom Lenkstand aus mittels Laser oder Radar anvisiert.

Abb. 1.5 Einteilung und Unterscheidung der Lenkverfahren

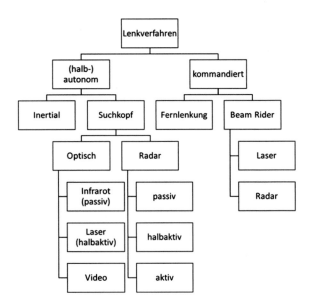

Als Maß für die Abweichung von der Zieldeckung misst der Flugkörper die Ablage vom Führungsstrahl mit einem einfachen Sensor am Heck. Der Führungsstrahl wird so moduliert, dass der Betrag der Ablage und die notwendige Korrekturrichtung messbar sind.

Halbautonome Flugkörper erzeugen die Lenk- und Ruderkommandos an Bord, sind jedoch bei der Zielverfolgung auf externe Designatoren angewiesen. Zu dieser Klasse zählen die radarbasierten Flugabwehrsysteme wie z. B. Hawk, aber auch die per Laserdesignator eingewiesenen Luft-Boden-Systeme (Paveway usw.). Als Beispiel sei ein halbaktives, radarbasiertes Flugabwehrsystem (z. B. Hawk) kurz dargestellt. Dessen Radaranlage am Boden besteht aus zwei Einheiten:

1. Das Suchradar entdeckt das Ziel.
2. Das Trackradar schaltet auf, verfolgt das Ziel und „beleuchtet" es.

Solange das Trackradar das Ziel „im Visier" hat, hat der Operateur die Möglichkeit den Flugkörper zu starten. Aus der empfangenen Strahlung des Trackradars und der reflektierten Strahlung des Ziels berechnet er die Sichtliniendrehrate und die Annäherungsgeschwindigkeit. Mit diesen Daten ist das Lenkgesetz der Proportionalnavigation umsetzbar. Der Empfang der Strahlung erfolgt mit einem semi-aktiven Suchkopf wie z. B. bei dem Hawk-Flugkörper.

Autonome Flugkörper haben sowohl für die Lenkung als auch für die Zielerfassung ihre eigenen Systeme an Bord, sind also nicht auf Informationen von außen angewiesen. Für die Zielerfassung/-verfolgung gibt es mehrere Verfahren:

1. Der Flugkörper hat einen aktiven Suchkopf, der das Ziel mit Radar oder Laser beleuchtet (Beispiel: advanced medium-range air-to-air missile (AMRAAM)). Aus den Suchkopfsignalen lassen sich Sichtliniendrehrate und Annäherungsgeschwindigkeit ermitteln.
2. Der Flugkörper hat einen passiven Suchkopf, der die Infrarotstrahlung des Triebwerks des Zielflugzeugs empfängt (Beispiel: Sidewinder). Daraus kann nur die Sichtliniendrehrate ermittelt werden, die Annäherungsgeschwindigkeit wird geschätzt.
3. Bei einem stehenden Ziel erfordert die Schätzung von Sichtliniendrehrate und Annäherungsgeschwindigkeit lediglich die Information über die eigene Position und Geschwindigkeit. Diese Daten sind das Ergebnis einer Navigationsrechnung auf der Basis von Inertialsensorik, die evtl. durch GPS gestützt sein kann (Beispiel: army tactical missile system (ATACMS)).

Flugkörper mit Suchköpfen der 1. oder 2. Art eignen sich für bewegliche Ziele, hauptsächlich gegnerische Flugzeuge. Mit den Schätzungen für Sichtliniendrehrate und Annäherungsgeschwindigkeit wird das Lenkgesetz der Proportionalnavigation umgesetzt. Die Zielerfassung wie in Punkt 3. ist nur für stehende Ziele anwendbar. Die Lenkung beruht dann in der Regel auf speziellen Verfahren (z. B. der Aufschlagvorhersage), s. Abschn. 5.4.4.

1.5   Schnittstellen der Lenkung

In Abb. 1.6 wird die Lenkung (grün) als Kaskadenregler im Regelkreis der Lenkschleife
dargestellt. Unter Verwendung dieses Schemas sollen die Schnittstellen der Lenkung im
Flugkörpersystem vorgestellt werden. Der rote Block „Flugkörper" repräsentiert das phy-
sikalische, dynamische System des Flugkörpers. Die Eingangsgrößen bilden hier die kommandierten Stellgrößen, in aller Regel sind das einzustellende Ruderwinkel. Es können aber
auch Schubkommandos an Querschubtriebwerke sein. Den Ausgang bildet der Zustandsvektor, der neben der (inertialen) Position und Geschwindigkeit auch die Lage des Flugkörpers
in Bezug auf das inertiale Koordinatensystem sowie die Lageänderungen (inertiale Drehraten) umfasst. Das Ziel ist gekennzeichnet durch seine Position und Geschwindigkeit. Die
Differenz der Positionen bildet die Sichtlinie $\vec{R}$ (Gl. (1.1)) und die Differenz der Geschwindigkeiten die Relativgeschwindigkeit $\dot{\vec{R}}$ (Gl. (1.3)). Zusammen bilden diese Informationen
die Relativgeometrie, auf der sämtliche Lenkverfahren beruhen. Die Relativgeometrie kann
vollständig (aktiver Sucher) oder teilweise (passiver Sucher) von einem Suchkopf gemessen
werden. Voraussetzung ist jedoch, dass der Sucher bereits auf das Ziel aufgeschaltet hat.
Sämtliche nicht oder noch nicht vom Sucher bereitgestellten Informationen zur Relativgeometrie müssen durch Annahmen und Schätzungen von der Lenkung ergänzt werden. So ist
ein passiver Infrarot-Suchkopf in der Lage, die Peilung zum Ziel und damit die Ausrichtung
der Sichtlinie relativ zum Flugkörper sehr präzise zu vermessen. Unter der Verwendung der
Lageinformationen aus der Navigation (Strapdown Rechnung) gelingt es, die inertiale Sichtlinie und die inertiale Sichtliniendrehrate zu bestimmen (active stabilized strap down seeker).
Historische Sucher wurden selbst als Kreisel ausgeführt, blieben deshalb unabhängig von
der Flugkörperbewegung inhärent inertial stabil auf das aufgeschaltete Ziel ausgerichtet.
Der elektromagnetische Stellaufwand, um diesen Sucherkreisel einer inertial rotierenden
Sichtlinie nachzuführen, konnte dann direkt als Maß für die inertiale Sichtliniendrehrate
verwendet werden. Die zur Lenkung zusätzlich benötigte Annäherungsgeschwindigkeit ist

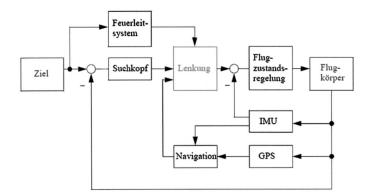

Abb. 1.6 Lenkung als Kaskadenregler

mit einem passiven Infrarot-Suchkopf nicht messbar und wird deshalb geschätzt oder angenommen.

Ein Radarsucher ist in der Lage, neben der Sichtlinienausrichtung auch die Annäherungsgeschwindigkeit zu messen. Allerdings ist die Präzision der Peilung insbesondere bei Annäherung an das Ziel deutlich schlechter als beim Infrarot-Sucher. Deshalb bildet die Kombination von Infrarot und Radar (dual mode) eine geeignete Lösung, um autonom die vollständige Relativgeometrie zu erhalten.

Für inertial gelenkte Flugkörper bzw. für Flugkörper, deren Suchkopf erst im Verlauf der Mission auf das Ziel aufschaltet, stammen die Zielinformationen direkt aus dem Feuerleitsystem. Diese Informationen können im Falle stationärer Ziele konstante Koordinaten sein, die direkt vor Missionsbeginn an den Flugkörper übertragen werden. Es können aber auch Zielpositionen und -geschwindigkeiten zusammen mit den zugehörigen Kovarianzen des einweisenden Sensors (Radar) sein, die dem Flugkörper zumindest einmalig vor dem Start per Kabel (Umbillical) und ggf. auch nach dem Start per Datenlink regelmäßig übermittelt werden, bis dieser in der Lage ist, mit dem eigenen Suchkopf auf das Ziel aufzuschalten. Bis dahin muss die Relativgeometrie aus den verfügbaren Zielinformationen aus dem Feuerleitsystem und den eigenen Navigationsdaten an Bord berechnet werden. Um dabei eine möglichst hohe Genauigkeit sicherzustellen, kann die Navigation des Flugkörpers durch Satelliten (z. B. GPS, Galileo) gestützt werden.

Es kann zusammengefasst werden, dass die Relativgeometrie, also die Kombination von Sichtlinie und Relativgeschwindigkeit, welche die notwendige Eingangsgröße eines jeden Lenkgesetzes bildet, im realen Flugkörper nicht oder nur teilweise gemessen werden kann. Die Lenkung beinhaltet deshalb nicht nur das Lenkgesetz selbst, sondern auch die Algorithmen zur Rekonstruktion der Relativgeometrie. Die Lenkkommandos bilden die Ausgangsgrößen der Lenkung und zugleich die Sollwerte des unterlagerten Regelkreises für den Flugzustand. Der Flugzustandsregler (auch Autopilot genannt) berechnet aus diesen Sollwerten und den durch die inertiale Messeinheit (Inertial Measurement Unit = IMU) gemessenen Istwerten die Stellgrößen (z. B. Ruderkommandos) für den Flugkörper. Über diese Stellgrößen beeinflusst die Lenkung den Zustand des Flugkörpers und damit die Relativgeometrie.

1.6 Koordinatensysteme der Lenkung

Dieses Buch verwendet grundsätzlich die Konventionen zu Koordinatensystemen und Nomenklatur aus [13]. In diesem Kapitel wird dazu eine kurze Zusammenfassung gegeben bzw. es werden notwendige Ergänzungen zu den in [13] beschriebenen Koordinatensystemen bezüglich der Lenkverfahren vorgenommen und weitere von der Lenkung benötigte Koordinatensysteme definiert. Grundsätzlich werden Flugkörper und Ziel im Kontext der Lenkverfahren als Massenpunkte ohne räumliche Ausdehnung betrachtet. Der Spezialfall der unmittelbaren Zielannäherung, bei dem die Signalverarbeitung auf der im Suchkopfbild

ausgedehnten Zielstruktur einen geeigneten Haltepunkt auswählen muss, wird hier nicht
diskutiert. Ebenso werden die für die Flugregelung relevanten Schwerpunktwanderungen
aufgrund des Treibstoffverbrauchs bzw. die Hebelarme zwischen Schwerpunkt und Inertialsensorik aus Sicht der Lenkung vernachlässigt.

1.6.1   Lenkkoordinaten (Guidance Coordinate Frame) [G]

Lenkgesetze werden grundsätzlich in einem geeignet gewählten inertialen Koordinatensystem beschrieben. Die Freiheit des Ingenieurs drückt sich in dem Zusatz „geeignet gewählt"
aus. Dabei ist der Kontext der Anwendung, insbesondere die Missionsdauer und -reichweite
des betrachteten Lenkflugkörpers entscheidend. Die frei wählbaren Lenkkoordinaten (Guidance Coordinate Frame) sind kartesische Koordinaten und werden mit G indiziert. Der
Koordinatenursprung kann beliebig festgelegt werden. So eignet sich beispielsweise der
Startort des Flugkörpers als Koordinatenursprung. Ebenso frei kann die Ausrichtung der
Lenkkoordinaten gewählt werden. Zur Ausrichtung der x-Achse kann man beispielsweise
die Nordrichtung zum Zeitpunkt der Initialisierung verwenden. Wegen der Achsenrichtungen (x-Achse nach Norden, y-Achse nach Osten, z-Achse nach unten) spricht man dann auch
vom NED-System (North-East-Down). Ursprung und Achsenrichtungen können aber auch
ganz anders festgelegt werden. Entscheidend ist, dass das Koordinatensystem der Lenkung
wirklich ein inertiales System ist, welches im Verlauf der Mission, d.h. des eigentlichen
Lenkvorgangs „festgehalten" wird. Theoretisch bedeutet diese Kernforderung, dass geodätische, d.h. erdfeste Koordinaten nicht als Lenkkoordinaten in Frage kommen. So kann
zwar ein (geodätisches) NED-System als Startpunkt der Lenkkoordinaten gewählt werden.
Mit dem Beginn des Lenkvorgangs wird dieses jedoch „festgehalten", wobei die Erde sich
gegenüber dem Koordinatenursprung weiterdreht. Die horizontale Ausrichtung des Inertialsystems gegenüber der Erde ändert sich mit der Zeit aufgrund der Erddrehung (wander angle
bzw. wander azimuth). In der praktischen Realisierung werden die Lenkkoordinaten durch
die Nutzung von Inertialsensoren „festgehalten". Bei historischen Flugkörpern wurden dazu
tatsächlich freie mechanische Kreisel bzw. Plattformen kurz vor dem Start entriegelt, um die
ursprüngliche Ausrichtung der Lenkkoordinaten für die Dauer der Mission zu konservie-
ren. Moderne Flugkörper nutzen dazu in der Regel körperfeste Inertialsensoren, aus deren
Messwerten (inertiale Drehraten und Beschleunigungen) mittels Strapdown-Rechnung Ort,
Geschwindigkeit und Lage des Flugkörpers in einem gerechneten (virtuellen) Inertialsystem
bestimmt werden. In Praxis ist das zur Lenkung verwendete Inertialsystem deshalb nur so
gut wie die zu seiner Bestimmung verwendeten Inertialsensoren. Für viele Anwendungen
der Lenkung auf relativ kurze Reichweiten (bis ca. 50 km) bzw. über relativ kurze Zeiten
(bis ca. 5 min) kommen Drehratensensoren zur Anwendung, deren Fehler z. T. deutlich größer sind als die Erddrehrate (ca. 15 °/h). Für solche Anwendungen ist es für den Ingenieur
legitim, die Lenkkoordinaten als erdfest zu interpretieren bzw. zu verwenden.

1.6.2 Bahnsystem [k]

Das Bahnsystem bzw. die bahnfesten Koordinaten werden mit dem Index k gekennzeichnet. Die x-Achse verläuft entlang des augenblicklichen Geschwindigkeitsvektors des Flugkörpers (Bahntangente). Die y-Achse liegt in der Horizontalebene, genauer gesagt, in der lokalen Tangentialebene an die Erdoberfläche, und zeigt in Flugrichtung nach rechts. Die nach unten gerichtete z-Achse ergänzt das Bahnsystem zum Rechtshandsystem. Der Ursprung liegt im Referenzpunkt des Flugkörpers. Die Lage des bahnfesten Koordinatensystems gegenüber den Lenkkoordinaten wird durch die Bahnwinkel bestimmt. Für den Bahnazimut gilt:

$$\chi = \arctan_2(\dot{y}_G, \dot{x}_G) \tag{1.16}$$

Der Bahnneigungswinkel (Elevation) ergibt sich zu

$$\gamma = \arctan \frac{-\dot{z}_G}{\sqrt{\dot{x}^2 + \dot{y}^2}}. \tag{1.17}$$

Die Transformationsmatrix von Lenkkoordinaten in bahnfeste Koordinaten ergibt sich aus den Drehungen um die z-Achse und (anschließend) um die y-Achse.

$$T_{kG} = T_2(\gamma) \cdot T_3(\chi) \tag{1.18}$$

Einzig, wenn es sich bei den Guidance-Koordinaten um ein NED-System handelt, wird man γ und χ geometrisch zutreffend als Bahnneigungswinkel bzw. Bahnazimut bezeichnen. Ansonsten spricht man schlicht von Bahnwinkeln.

1.6.3 Körperfestes Koordinatensystem [f]

Das in Abb. 1.7 dargestellte körperfeste Koordinatensystem hat seinen Ursprung im Referenzpunkt des Flugkörpers. Die x-Achse zeigt entlang der Hauptsymmetrieachse nach vorn, die z-Achse liegt in der Symmetrieebene, steht senkrecht auf x und zeigt nach unten. Die y-Achse ist die Ergänzung zum Rechtshandsystem, zeigt also in Flugrichtung nach rechts. Die Lage T_{fG} des körperfesten Koordinatensystems gegenüber den Lenkkoordinaten wird für Flugkörper in der Regel mittels Quaternionen beschrieben, die durch die Strapdown-Rechnung (Navigation) bestimmt werden.

Als Matrix hat T_{fG} folgende Struktur:

$$T_{fG} = T_1(\phi) \cdot T_2(\theta) \cdot T_3(\psi) \tag{1.19}$$

ϕ, θ und ψ werden der Reihe nach als Roll-, Nick- und Gierwinkel bezeichnet.

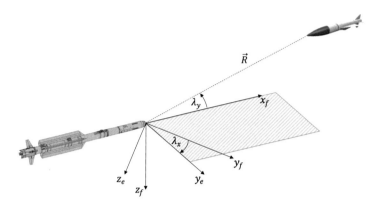

Abb. 1.7 Körperfestes System und Sichtliniensystem

1.6.4 Sichtliniensystem [L]

Das ebenfalls in Abb. 1.7 gezeigte Sichtliniensystem ist zur Beschreibung der Lenkverfahren notwendig, jedoch nicht in [13] definiert. Die x-Achse des Sichtliniensystems zeigt in Richtung der Sichtlinie. Die y- und z-Achse stehen zunächst beliebig orthogonal zur x-Achse. Aus technischer Sicht ist es jedoch sinnvoll, die y- und z-Achse anhand des verwendeten Sucherkonzepts festzulegen. Der Sucher ist beispielsweise ein elektrooptischer Sensor, der die optische Achse auf das Ziel ausrichtet und der Sichtlinie nachführt (track). Die Ausrichtung des Suchers erfolgt durch zwei Drehungen. Das verwendete Sucherkonzept wird durch die Wahl dieser Drehungen bestimmt. So gibt es Gier-Nick-, Nick-Gier- und Roll-Nick-Konzepte. In Abb. 1.7 soll exemplarisch ein Roll-Nick-Sucher dargestellt werden, der üblicherweise von agilen Flugkörpern gegen Luftziele verwendet wird. Wenn der Sucher auf die Sichtlinie $\vec{R}_G$, die in Lenkkoordinaten vorliegt, eingewiesen werden soll, so wird die Sichtlinie unter Verwendung der von der Navigation ermittelten Transformationsmatrix T_{fG} in die körperfesten Koordinaten transformiert.

$$\vec{R}_f = T_{fG}\vec{R}_G \qquad (1.20)$$

Anschließend wird die körperfeste Sichtlinie normiert, so dass im Ergebnis der Einheitsvektor der körperfesten Sichtlinienrichtung vorliegt. Die im Weiteren verwendeten Komponenten des normierten Vektors werden durch den Überstrich gekennzeichnet.

$$\vec{E}_f^{LOS} = \frac{\vec{R}_f}{\|\vec{R}_f\|} = \begin{pmatrix} \bar{x}_f^{LOS} \\ \bar{y}_f^{LOS} \\ \bar{z}_f^{LOS} \end{pmatrix} \qquad (1.21)$$

Der einzustellende Winkel für den Rollrahmen des Suchers in Sichtlinienrichtung ergibt sich dann zu:

$$\lambda_x = \arctan_2(\bar{y}_f^{LOS}, -\bar{z}_f^{LOS}) \tag{1.22}$$

Anschließend wird der Nickrahmen um den so genannten Schielwinkel in Richtung der Sichtlinie gedreht.

$$\lambda_y = \arccos \bar{x}_f^{LOS} \tag{1.23}$$

Werden diese Winkel vom Rahmensystem des Suchers eingestellt, dann ist der Sucher auf die Sichtlinie ausgerichtet. In Abb. 1.7 steht die gelb markierte (y_e, x_f)-Ebene senkrecht auf der Ebene, die durch die Sichtlinie und die körperfeste Längsachse aufgespannt wird. Dadurch ist anschaulich der Winkel λ_x festgelegt und die Transformation in das Sichtliniensystem:

$$T_{Lf} = T_2(\lambda_y) \cdot T_1(\lambda_x). \tag{1.24}$$

1.6.5   Geodätische [D] und Geozentrische [C] Koordinaten

Mit Hilfe der geodätischen Koordinaten können Punkte in Bezug auf die Erde referenziert werden. Üblicherweise wird hierzu die global gültige WGS-84 Definition verwendet. Dabei wird ein Punkt, in diesem Bespiel der rote Punkt in Abb. 1.8 gegenüber der Erde referenziert. Dazu dienen der Längengrad λ, der geodätische Breitengrad φ_D und die Höhe über dem mittleren Meeresspiegel H_D. Der geodätische Breitengrad bezieht sich auf den WGS-84-Ellipsoiden. Die Höhe über dem mittleren Meeresspiegel bezieht sich auf das WGS-84-Geoid. Dieses ist eine Bezugsfläche im Schwerefeld der Erde, repräsentiert durch den mittleren Meeresspiegel. Das Geoid weicht abhängig von Längen- und Breitengrad um ca. ±50 m vom Ellipsoiden ab und wird üblicherweise mit einer Lookup-Tabelle $\Delta H_{Geoid} = f(\lambda, \varphi_D)$ implementiert. Für die Höhe über dem Ellipsoiden gilt deshalb

$$H_E = H_D - \Delta H_{Geoid} \tag{1.25}$$

Der geodätische Radius des Ellipsoiden wird aus der großen Halbachse A sowie der Exzentrizität e des Ellipsoiden sowie dem Sinus des geodätischen Breitengrades berechnet.

$$R_E = \frac{A}{\sqrt{1 - e^2 \sin^2 \varphi_D}} \tag{1.26}$$

Danach wird der Abstand zum Mittelpunkt der Erde bestimmt. Die geometrischen Zusammenhänge werden mit Hilfe von Abb. 1.9 illustriert.

$$\rho_C = \sqrt{\rho_D^2 - 2Q_E \rho_D \sin(\varphi_D) + Q_E^2} \tag{1.27}$$

Dabei ist ρ_D die Länge des geodätischen Lotes bis zum Schnittpunkt mit der Erdachse und Q_E der Abstand zwischen dem Schnittpunkt und dem Mittelpunkt der Erde. Die Länge ρ_D

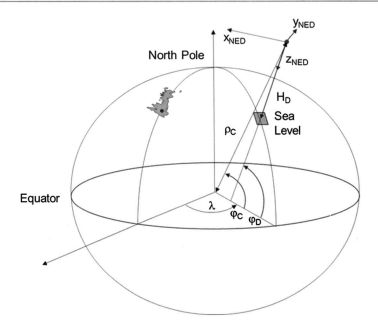

Abb. 1.8 Geodätische und geozentrische Koordinaten

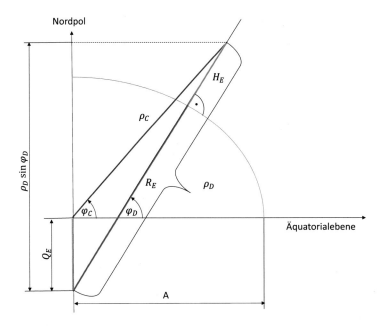

Abb. 1.9 Geometrische Zusammenhänge zwischen geodätischen und geozentrischen Koordinaten

setzt sich aus der Höhe über dem WGS-84 Ellipsoiden und dem geodätischen Erdradius (Lot von der Oberfläche des Ellipsoiden bis zum Schnittpunkt mit der Erdachse) zusammen.

$$\rho_D = R_E + H_E \tag{1.28}$$

Der Abstand Q_E des Schnittpunktes des geodätischen Lotes mit der Erdachse und dem Mittelpunkt der Erde unter Berücksichtigung der Exzentrizität der Erde lautet:

$$Q_E = e^2 R_E \sin \varphi_D \tag{1.29}$$

Dabei werden der äquatoriale Radius der Erde und deren quadratische Exzentrizität als Konstanten verwendet:

$$A = 6\,378\,137\,\text{m} \tag{1.30}$$
$$e^2 = 0{,}08181919$$

Schließlich wird der geozentrische Breitengrad benötigt. Für diesen gilt:

$$\varphi_C = \varphi_D - \arctan \frac{e^2 \sin \varphi_D \cos \varphi_D}{1 - e^2 \sin^2 \varphi_D + \frac{H_E}{R_E}} \tag{1.31}$$

Damit sind die geozentrischen Kugelkoordinaten vollständig beschrieben. Neben diesen spielen die kartesischen geozentrischen Koordinaten, die auch Earth Centered Earth Fixed (ECEF) genannt werden, eine wichtige Rolle. Die Position in ECEF Koordinaten ergibt sich wie folgt:

$$\vec{x}_C = \begin{pmatrix} \cos \lambda \cos \varphi_C \\ \sin \lambda \cos \varphi_C \\ \sin \varphi_C \end{pmatrix} \cdot \rho_C \tag{1.32}$$

Die x-Achse des in Abb. 1.10 dargestellten ECEF-Koordinatensystems durchstößt die Kreuzung von Nullmeridian und Äquator, die z-Achse ist nach oben gerichtet und durchstößt den Nordpol. Die y-Achse ergibt sich als Ergänzung zum Rechtshandsystem und durchstößt den Äquator im Indischen Ozean südlich von Bangladesch.

1.6.6 Inertialsystem [I]

Das wahre Inertialsystem wird auch Earth Centered Inertial (ECI) genannt und ist ebenfalls in Abb. 1.10 dargestellt. Der Koordinatenursprung befindet sich im Erdmittelpunkt, die x-Achse zeigt auf den Ort der Sonne zum Zeitpunkt des astronomischen Frühlingsanfangs (*Vernal Equinox*). Diese Definition wird mit Abb. 1.11 anschaulich erläutert. Zum astronomischen Sommerbeginn steht die Sonne senkrecht auf dem nördlichen Wendekreis. Jenseits des nördlichen Polarkreises herrscht Polartag. Zum astronomischen Herbstanfang steht die

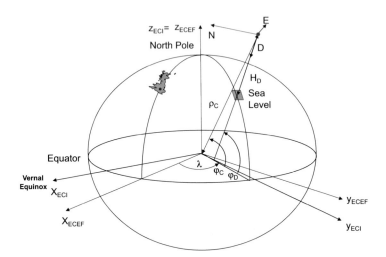

Abb. 1.10 ECI und ECEF-Koordinaten

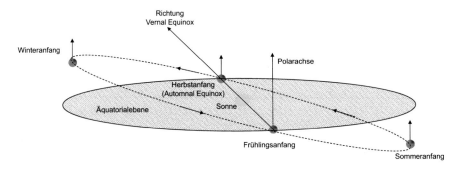

Abb. 1.11 Ausrichtung des Inertialsystems

Sonne senkrecht auf dem Äquator und damit in der Äquatorialebene der Erde. Überall auf der Erde herrscht Tag- und Nachtgleiche, an den Polen steht die Sonne halb über dem Horizont. Zum astronomischen Winteranfang steht die Sonne senkrecht auf dem südlichen Wendekreis. Jenseits des nördlichen Polarkreises herrscht Polarnacht. Zum astronomischen Frühlingsbeginn steht die Sonne wieder in der Äquatorialebene der Erde. Die Richtung von der Erde zur Sonne ist dann der Vernal Equinox (Frühjahrs-Tag- und Nachtgleiche). Damit ist das Earth Centered Inertial (ECI) Koordinatensystem definiert. Die x-Achse dieses kartesischen Koordinatensystems zeigt in Richtung des Vernal Equinox. Die z-Achse des ECI ist identisch mit der z-Achse des ECEF. Das ECEF rotiert mit der Erde um diese gemeinsame z-Achse. Die Drehrate beträgt ca. 15° pro Stunde, so dass in 24 h eine komplette Umdrehung stattfindet. Damit ist die Transformation von ECI in ECEF-Koordinaten eine Funktion der Zeit und es gilt:

$$T_{IC} = \begin{pmatrix} \cos \Omega_E & \sin \Omega_E & 0 \\ -\sin \Omega_E & \cos \Omega_E & 0 \\ 0 & 0 & 1 \end{pmatrix} \qquad (1.33)$$

Dabei entspricht Ω_E dem aktuellen Drehwinkel der Erde. Dieser ist eine lineare Funktion der Zeit.

Als Besonderheit ist zu beachten, dass bei der Lenkung bzw. Simulation exo-atmosphärischer Flugkörper das ECI-Koordinatensystem für die Aufstellung der Bewegungsgleichungen zu verwenden ist, die Geschwindigkeit im ECEF-Koordinatensystem jedoch die Anströmung beschreibt.

1.6.7   North East Down [N]

Um die Lage gegenüber der Erdoberfläche zu beschreiben, werden lokale North- East-Down (NED)-Koordinaten verwendet. Diese haben ihren Ursprung im betrachteten Ort und werden durch zwei aufeinanderfolgende Drehungen aus dem ECEF-Koordinatensystem erreicht.

$$T_{NC} = \begin{pmatrix} -\sin \varphi_C & 0 & \cos \varphi_C \\ 0 & 1 & 0 \\ -\cos \varphi_C & 0 & -\sin \varphi_C \end{pmatrix} \cdot \begin{pmatrix} \cos \lambda & \sin \lambda & 0 \\ -\sin \lambda & \cos \lambda & 0 \\ 0 & 0 & 1 \end{pmatrix} \qquad (1.34)$$

Die x-Achse verläuft tangential zur Erdoberfläche und zeigt in Richtung Norden. Die y-Achse zeigt tangential zur Erdoberfläche nach Osten und die z-Achse in Richtung des Erdmittelpunktes.

Proportionalnavigation

2

Zusammenfassung

In diesem Kapitel soll das wesentlichste Lenkgesetz, die PN vorgestellt bzw. hergeleitet und analysiert werden. Die benötigten Grundbegriffe wurden bereits im Abschn. 1.3 eingeführt. Es ist im weitesten Sinne die Aufgabe eines jeden Lenkgesetzes den Kollisionskurs zwischen Ziel und Flugkörper herzustellen.

2.1 Skalare Vorbetrachtung

Algorithmen, die unter Verwendung der Relativgeometrie die notwendige Zielbeschleunigung berechnen, um die Bedingung zum Kollisionskurs herzustellen, werden als **Lenkgesetze** bezeichnet. Die Proportionalnavigation führt dazu proportional die inertiale Sichtliniendrehrate auf das Lenkkommando zurück, um die inertiale Sichtlinie zum Stillstand zu bringen und so den Kollisionskurs zu erreichen. Der Kollisionskurs ist also dadurch gekennzeichnet, dass die Sichtlinie sich nicht mehr dreht bzw. dass die Annäherung von Ziel und Flugkörper ausschließlich entlang der Sichtlinie erfolgt. Mit anderen Worten: Solange die Sichtlinie sich dreht, existiert eine senkrecht auf der Sichtlinie stehende Komponente der Relativgeschwindigkeit. Für den Betrag dieser senkrecht auf der Sichtlinie stehenden Geschwindigkeitskomponente gilt:

$$\|\vec{v}_\perp\| = \|\vec{R}\|\,|\dot{\sigma}| \tag{2.1}$$

Dabei ist zu beachten, dass der Richtungssinn der senkrecht auf der Sichtlinie stehenden Geschwindigkeitskomponente dem Vorzeichen der Sichtliniendrehrate entspricht. Es ist die Aufgabe der Proportionalnavigation diese Komponente der Relativgeschwindigkeit abzubauen, indem der Flugkörper eine Beschleunigung in Richtung dieser Geschwindigkeitskomponente erzeugt. In diesem Zusammenhang ist zu betonen, dass tatsächlich nur die

T. Kuhn und W. Grimm, *Lenkverfahren*, https://doi.org/10.1007/978-3-662-64211-5_2

vom Flugkörper erzeugten Querbeschleunigungen senkrecht zur Sichtlinie im Sinne der
Lenkung, nämlich zur Herstellung des Kollisionskurses wirksam sind. Die Beschleunigung
entlang der Sichtlinie ändert nur die Annäherungsgeschwindigkeit bzw. die Restflugzeit.
Zur Lenkung wird eine Konstante N eingesetzt, die den gewünschten Bruchteil der Restflugzeit bis zur Herstellung des Kollisionskurses ausdrückt. Die Wahl $N = 3$ bedeutet
beispielsweise, dass etwa nach einem Drittel der Restflugzeit der Kollisionskurs herzustellen ist. Dazu wird die zur Beseitigung der störenden Relativgeschwindigkeitskomponente
über die gesamte Restflugzeit erforderliche Beschleunigung verdreifacht. Der Betrag der
erforderlichen Beschleunigung beschrieben mit der Restflugzeit t_{go} (Gl. (1.15)) lautet dann

$$\|\vec{a}_c\| = N \frac{\|\vec{v}_\perp\|}{t_{go}} = N v_c |\dot{\sigma}|. \tag{2.2}$$

Das ist die bekannte Grundformel der **Proportionalnavigation.** Nochmals sei betont, dass
Gl. (2.2) nur die Länge der erforderlichen Beschleunigung festlegt. Die Richtung orientiert
sich immer an der senkrecht auf der Sichtlinie stehenden Komponente der Relativgeschwindigkeit.

Ein alternativer Ansatz für ein Lenkgesetz ist die Beseitigung des mit Gl. (1.9) eingeführ-
ten **ZEM** (Zero Effort Miss) durch eine entsprechende Querbeschleunigung. Die gesuchte
Beschleunigung ergibt sich durch einfaches Umstellen.

$$\left\| \vec{Z} \right\| = \frac{\|\vec{a}_c\|}{2} t_{go}^2 \tag{2.3}$$

$$\|\vec{a}_c\| = 2 \frac{\left\| \vec{Z} \right\|}{t_{go}^2} \tag{2.4}$$

Dieser Ansatz wird ZEM-Lenkung genannt und ist vorteilhaft, wenn der Restfehler (ZEM)
und die Restflugzeit t_{go} beispielsweise durch eine Prädiktion bekannt sind. Im weiteren
Verlauf wird gezeigt, dass die Ansätze (2.2) und (2.4) nicht nur gleichwertig, sondern für
$N = 2$ sogar identisch sind. Gl. (2.4) legt wiederum nur den Betrag der erforderlichen
Beschleunigung fest. Die Richtung ist dieselbe wie die des Restfehlers $\vec{Z}$. Bereits eine
einfache Überlegung macht deutlich, dass die Vektoren des Restfehlers $\vec{Z}$ und der senkrecht
auf der Sichtlinie stehende Anteil der Relativgeschwindigkeit $\vec{v}_\perp$ gleichgerichtet sind (s.
Abschn. 2.4).

2.2   Dynamik der Lenkschleife

Die in Abschn. 1.3 herausgearbeitete Bedingung für den Kollisionskurs ist, dass Sichtlinie und Relativgeschwindigkeit parallel bzw. unter Beachtung der Vorzeichen antipar-
allel verlaufen. Es wurden in der skalaren Vorbetrachtung zwei grundsätzliche Ansätze
zur Herleitung des Lenkgesetzes aufgezeigt. Dieses Kapitel verwendet den Ansatz der

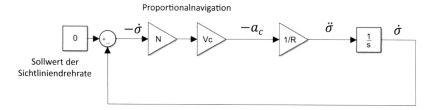

Abb. 2.1 Linearisierung der Lenkschleife ohne Dynamik der geregelten Anstellschwingung

Proportionalnavigation. Zunächst bleibt die Betrachtung bei der skalaren Vereinfachung. Damit soll der Zusammenhang zwischen der Wahl der Lenkverstärkung N und der Stabilität der Lenkschleife analysiert werden. Die zu einem beliebigen Zeitpunkt linearisierte Lenkschleife auf Basis der Proportionalnavigation ist in Abb. 2.1 dargestellt. Das dort markierte Signal a_c ist der vorzeichenbehaftete Betrag der erforderlichen Beschleunigung:

$$a_c = \|\vec{a}_c\| \cdot \mathrm{sign}(\dot{\sigma}) \tag{2.5}$$

Damit erhalten wir die skalare Version der PN aus Gl. (2.2)

$$a_c = N \cdot v_c \cdot \dot{\sigma}, \tag{2.6}$$

wie sie auch aus Abb. 2.1 hervorgeht. R und v_c sind als konstant angenommene Daten des betrachteten Szenarios aufzufassen. Den Kernzusammenhang der Lenkschleife bildet die Tatsache, dass die translatorische Querbeschleunigung des Flugkörpers eine Winkelbeschleunigung der Sichtlinie verursacht. Zur besseren Vorstellung: Die Sichtlinie wird gedanklich drehbar am Zielort befestigt. Die von der Querbeschleunigung hervorgerufene Winkelbeschleunigung ist umgekehrt proportional zur Länge der Sichtlinie, so dass gilt:

$$\ddot{\sigma} = \frac{-a_c}{\|\vec{R}\|} \tag{2.7}$$

Die dem Blockschaltbild in Abb. 2.1 zugrundeliegende Übertragungsfunktion lautet in offener Kette:

$$G_0(s) = \frac{N v_c}{\|\vec{R}\| s} \tag{2.8}$$

Und im geschlossenen Kreis entsprechend:

$$G_C(s) = \frac{N v_c}{N v_c + \|\vec{R}\| s} = \frac{1}{1 + T s} \tag{2.9}$$

mit

$$T = \frac{\|\vec{R}\|}{N v_c} = \frac{t_{go}}{N}. \tag{2.10}$$

Es zeigt sich deutlich, dass es sich bei der Lenkschleife um eine zeitvariante Regelstrecke handelt. Die Zeitkonstante ist der Quotient aus Restflugzeit und Lenkverstärkung. Je höher man die Lenkverstärkung wählt, desto höher wird die Dynamik der Lenkschleife bzw. desto kleiner ist die resultierende Zeitkonstante. Es lässt sich zeigen, dass erst ab $N = 2$ überhaupt eine Konvergenz des Lenkfehlers gegen null gelingt.

Wir verwenden dafür ein genaueres Modell der Dynamik (2.7):

$$\|\vec{R}\| \cdot \ddot{\sigma} - 2 \cdot v_c \cdot \dot{\sigma} = -a_c \qquad (2.11)$$

(2.7) ist also nur eine für kleine Werte von $\dot{\sigma}$ gültige Näherung. In Abb. 2.1 wäre demnach die Übertragung von $-a_c$ auf $\dot{\sigma}$ durch

$$G(s) = \frac{1}{\|\vec{R}\| \cdot s - 2 \cdot v_c} \qquad (2.12)$$

zu ersetzen. In Verallgemeinerung von (2.8) und (2.9) lauten der offene und geschlossene Kreis nun

$$G_0(s) = \frac{N \cdot v_c}{\|\vec{R}\| \cdot s - 2 \cdot v_c} \quad \text{bzw.} \quad G_C(s) = \frac{N \cdot v_c}{\|\vec{R}\| \cdot s + (N - 2) \cdot v_c}. \qquad (2.13)$$

Asymptotische Stabilität liegt genau dann vor, wenn der Pol

$$s = -\frac{N - 2}{\|\vec{R}\|} \cdot v_c \qquad (2.14)$$

des geschlossenen Kreises negativ ist. Das trifft für $N > 2$ zu.

Die Lenkverstärkung ist nach oben begrenzt durch die Tatsache, dass die zeitvariante Regelstrecke der Lenkschleife mit zunehmender Zielannäherung instabil wird. Dies wird erst sichtbar, wenn die Dynamik des geregelten Flugkörpers mitberücksichtigt wird. Die kommandierte Beschleunigung wird im Wesentlichen durch Auftrieb erzeugt. Das geschieht aerodynamisch durch eine Änderung des Anstellwinkels. Dabei wird eine für Fluggeräte typische Eigenbewegung angeregt, die so genannte Anstellwinkelschwingung. Dementsprechend wird die Übertragung von der kommandierten Beschleunigung a_c auf die tatsächliche Beschleunigung a_M durch ein Verzögerungsglied zweiter Ordnung modelliert, dessen Eigenfrequenz ω und Dämpfung D die geregelte Anstellwinkelschwingung beschreiben, s. Abb. 2.2. Gleichzeitig kann man ω als Näherung für die Bandbreite der Flugkörperregelung auffassen .

Die Übertragungsfunktion in offener Kette ist gegeben durch

$$G_0(s) = \frac{N v_c}{R} \cdot \frac{\omega^2}{s^3 + 2D\omega s^2 + \omega^2 s}. \qquad (2.15)$$

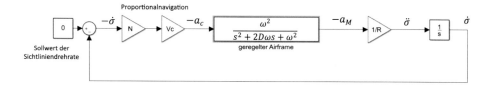

Abb. 2.2 Linearisierung der Lenkschleife mit Dynamik der geregelten Anstellschwingung

Es gibt drei Pole, den Pol des Integrators im Nullpunkt und das konjugiert komplexe Polpaar der geregelten Flugkörperdynamik. Es ist zu erwarten, dass mit zunehmender Kreisverstärkung der Integralpol in der komplexen Ebene in Richtung der reellen Achse nach links wandert und die Pole des geregelten Flugkörpers in die positive Halbebene, was bedeutet, dass die Lenkschleife ab einer bestimmten Kreisverstärkung instabil wird. Die Kreisverstärkung dieser Übertragungsfunktion kann auch als

$$K = \frac{N v_c}{R} = \frac{N}{t_{go}} \tag{2.16}$$

interpretiert werden. Mit dieser Kreisverstärkung (Gain) wird die Wurzelortskurve berechnet. In diesem Szenario beträgt die Annäherungsgeschwindigkeit beispielsweise 1000 m/s. Nehmen wir für den Flugkörper eine Eigenfrequenz der geregelten Anstellschwingung von 1 Hz, also $\omega = 2\pi$ rad/s bei einer Dämpfung von $D = 0,7$ an, dann erhalten wir die Wurzelortskurve in Abb. 2.3. Die Lenkschleife wird demnach instabil, sobald der Quotient aus Lenkverstärkung und Restflugzeit den Wert von 8.8 überschreitet. D. h. für eine Lenkverstärkung $N = 3$ wird die Lenkschleife in den letzten 341 ms bzw. bei einer Zielentfernung von 341 m instabil. Bei einer Lenkverstärkung von $N = 4$ träte die Instabilität bereits bei einer Restflugzeit von 455 ms ein, d. h. in einer Entfernung von 455 m zwischen Flugkörper und Ziel. Hingegen führt eine höhere Eigenfrequenz des geregelten Flugkörpers, also eine höhere dynamische Agilität zum späteren Eintritt der Instabilität. Damit ist die Obergrenze für die Lenkverstärkung durch die Flugkörperdynamik bestimmt. Nach Eintritt der Instabilität ist keine Regelung der Sichtliniendrehrate mehr möglich. Gegen manövrierende Ziele belässt man die instabile Lenkschleife weiterhin aktiv, da das finale Lenkmanöver zumindest in die „richtige Richtung" geht. Gegen stationäre Ziele schaltet man die Lenkung noch vor Eintritt der Instabilität ab.

In diesem einfachen Beispiel lässt sich die Stabilitätsgrenze sogar noch analytisch unter Verwendung des Hurwitz-Kriteriums bestimmen. Die Übertragungsfunktion der geschlossenen Kette lautet:

$$G_C(s) = \frac{K\omega^2}{s^3 + 2D\omega s^2 + \omega^2 s + K\omega^2} \tag{2.17}$$

Mit dem Nennerpolynom dritter Ordnung

$$N(s) = a_3 s^3 + a_2 s^2 + a_1 s + a_0 \tag{2.18}$$

Abb. 2.3 Wurzelortskurve der
Lenkschleife

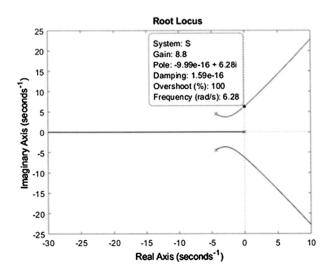

ergibt sich die folgende Hurwitz-Determinante:

$$\Delta_2 = \begin{vmatrix} a_2 & a_0 \\ a_3 & a_1 \end{vmatrix} = a_1 a_2 - a_0 a_3 > 0 \tag{2.19}$$

Durch Einsetzen der tatsächlichen Koeffizienten erhält man:

$$\Delta_2 = 2\omega^3 D - K\omega^2 > 0 \tag{2.20}$$

Die Lenkschleife bleibt demnach für

$$K = \frac{N}{t_{go}} < 2\omega D \approx 8.8 \tag{2.21}$$

bzw.

$$t_{go} > \frac{N}{2\omega D} \tag{2.22}$$

stabil.

Gl. (2.22) bestätigt die oben gemachten Aussagen über den Eintritt der Instabilität. Die kritische Restflugzeit ist umso größer, je größer die Lenkverstärkung N ist bzw. je kleiner die Eigenfrequenz ω ist. In der Praxis liegt N in der Größenordnung von $3-5$. Die Lösung eines geeigneten Optimalsteuerungsproblems zeigt, dass $N = 3$ optimal ist im Sinne minimalen Steueraufwandes, s. Abschn. 2.7.

2.3   Störeinflüsse auf die Lenkung

Die Proportionalnavigation liefert nur unter idealen Voraussetzungen einen Treffer. In der Realität sind diverse Störeinflüsse zu beachten:

Zielmanöver Der wichtigste Störeinfluss sind Zielmanöver. Die dem Entwurf zugrunde-liegende Voraussetzung eines nichtmanövrierenden Ziels ist in der Realität oft nicht erfüllt. Der Flugkörper hat zudem nur eine begrenzte Reichweite. Sein Raketentriebwerk ist nach wenigen Sekunden ausgebrannt. Danach verringert sich seine Geschwindigkeit rapide durch den Luftwiderstand. Die Erzeugung von Querbeschleunigungen im Rahmen der Lenkung sorgt für zusätzlichen induzierten Widerstand. Die Querbeschleunigung wiederum erhöht sich mit der Intensität der Zielmanöver, die eine Sichtliniendrehung auslösen. Das ist der Ansatzpunkt für das Ziel, den Flugkörper durch geeignete Manöver (evasive maneuver) „abzuschütteln".

Nicht umsetzbare Querbeschleunigungskommandos Mit abnehmendem Abstand R ver-größert sich die Sichtliniendrehrate bei gleichbleibendem Zielmanöver. Das führt dazu, dass das Lenkgesetz eine Querbeschleunigung kommandiert, die der Flugkörper aufgrund seiner begrenzten Strukturfestigkeit oder aerodynamischen Grenzen (Stall) nicht mehr erzeugen kann. In diesem Fall wird das Kommando auf das vom Flugkörper erzeugbare Maß zurück-genommen. Bei dieser „Limitierung" bleibt meist die Richtung des Beschleunigungskom-mandos erhalten, der Betrag wird entsprechend verkleinert. In der Praxis kommt es relativ häufig vor, dass die Lenkkommandos limitiert erteilt werden müssen. Entscheidend für den Treffer ist dann, dass die Lenkung rechtzeitig vor dem Ziel, spätestens jedoch vor Eintritt der Instabilität der Lenkschleife wieder aus diesem Limit herauskommt.

Fehler und Verzögerungen Eine weitere Schwachstelle des Flugkörpers sind Fehler und Verzögerungen in der Lenkung und Regelung. Außer einem Messfehler bringt jeder Sensor eine gewisse Verzögerung ins Spiel. Ebenso haben die Aktuatoren, beispielsweise Ruder-maschinen, eine signifikante Verzögerungsdynamik. Es bleibt also nicht bei der im voran-gegangenen Abschnitt verwendeten Dynamik der geregelten Anstellschwingung des Flug-körpers. Es sind weitere Verzögerungsglieder in der Lenkschleife zu berücksichtigen, die grundsätzlich zu einem noch früheren Eintreten der Instabilität führen. Diese weiteren Ver-zögerungsglieder, hauptsächlich sind dies die Mess- und Verarbeitungszeiten (Signal- und Bildverarbeitung) des Suchkopfes und die Dynamik der Rudermaschinen, werden als Dyna-miken höherer Ordnung bezeichnet.

Body Rate Isolation Ganz kritisch sind auch Einkopplungen der Flugkörperbewegungen auf die zur Lenkung verwendete geschätzte Sichtliniendrehrate. Es ist deshalb elementar, die Rekonstruktion der inertialen Sichtlinie von den inertialen Drehraten des Flugkörpers zu isolieren. Diesem wichtigen Thema ist mit 5.5 ein separates Kapitel gewidmet.

Schließlich kann das Ziel den Flugkörper durch **Täuschungsmanöver** abschütteln. Z. B. kann es den Infrarot-Suchkopf des Flugkörpers durch eine Leuchtrakete („flare") ablenken oder einen Radarsuchkopf durch elektronische Gegenmaßnahmen („electronic countermeasures", ECM) stören.

Zur praktischen Realisierung lassen sich die notwendigen Bedingungen für einen Treffer in zwei grundsätzliche Faustformeln fassen:

1. Der Flugkörper muss dem Ziel bezüglich der statischen Manövrierbarkeit überlegen sein, d. h. der Flugkörper muss größere Querbeschleunigungen erzeugen können als das Ziel. Die Faustformel dafür ist ein Faktor von mindestens drei.
2. Der Flugkörper muss dem Ziel auch dynamisch überlegen sein. D. h., die Bandbreite der Beschleunigungsregelung, also die Bandbreite der gesamten Übertragungsfunktion des geregelten Flugkörpers und sämtlicher Flugkörperdynamiken höherer Ordnung muss deutlich größer als die des Ziels sein. Ein Faktor von mindestens zwei ist hier sinnvoll.

Neben diesen praktischen Erwägungen gibt es eine weitere, nicht unwesentliche Randbedingung zu beachten: Die Lenkung findet im dreidimensionalen Raum statt. Der Flugkörper hat in diesem eine gegebene Lage, die nicht notwendigerweise entlang der Sichtlinie ausgerichtet ist, weswegen die körperfeste Querbeschleunigung i. Allg. nicht auf der Sichtlinie senkrecht steht. Um diese Einschränkung zu analysieren, gilt es nunmehr die vereinfachten skalaren Betrachtungen auf den dreidimensionalen Raum zu erweitern.

2.4   Erweiterung auf drei Dimensionen

Die bisher rein skalar durchgeführten Betrachtungen haben die Analyse der Dynamik sehr gut ermöglicht. Hier soll eine Erweiterung der Darstellung auf den $\mathbb{R}^3$ vorgenommen werden. Es gelten weiterhin die bereits in der Ebene definierten Begriffe. Die Sichtlinie ist die Differenz aus den Ortsvektoren des Ziels und des Flugkörpers, selbstverständlich in den geeignet gewählten inertialen Lenkkoordinaten.

$$\vec{R} = \vec{X}_T - \vec{X}_M \tag{2.23}$$

Die Relativgeschwindigkeit ist die Differenz der Geschwindigkeitsvektoren von Ziel und Flugkörper.

$$\dot{\vec{R}} = \dot{\vec{X}}_T - \dot{\vec{X}}_M \tag{2.24}$$

Die Sichtliniendrehrate ergibt sich aus dem Kreuzprodukt aus Sichtlinie und Relativgeschwindigkeit zu:

$$\vec{\omega} = \frac{\vec{R} \times \dot{\vec{R}}}{\vec{R}^T \vec{R}} \tag{2.25}$$

Für die Annäherungsgeschwindigkeit, also die Projektion der Relativgeschwindigkeit auf die Sichtlinie gilt genauso wie im Zweidimensionalen (vgl. Gl. (1.4)):

$$v_c = -\frac{\vec{R}^T \dot{\vec{R}}}{\|\vec{R}\|} \tag{2.26}$$

Der Richtungsvektor der Sichtlinie ist

$$\vec{e}_R = \frac{\vec{R}}{\|\vec{R}\|}. \tag{2.27}$$

Zur Formulierung der Proportionalnavigation soll nur der senkrecht zur Sichtlinie verlaufende Anteil der Sichtliniendrehrate verwendet werden. In Verallgemeinerung von Gl. (2.2) zeigt die kommandierte Beschleunigung in Richtung des senkrecht zur Sichtlinie verlaufenden Anteils der Sichtliniendrehrate:

$$\vec{a}_G = N v_c \left(\vec{\omega} \times \vec{e}_R \right) \tag{2.28}$$

Diese Formulierung der Proportionalnavigation wird auch als die **wahre Proportionalnavigation** bezeichnet. Sie liefert einen Beschleunigungsvektor, der senkrecht auf der Sichtlinie steht. Um diesen Beschleunigungsvektor zu realisieren, ist die Transformation in das körperfeste Koordinatensystem notwendig.

$$\vec{a}_f = T_{fG} \vec{a}_G \tag{2.29}$$

Da Flugkörper in aller Regel nicht über steuerbare Triebwerke verfügen, kann die erste Komponente dieses Vektors entlang der Flugkörpersymmetrieachse nicht beeinflusst werden und wird entsprechend ignoriert. Dieses Vorgehen wird insbesondere für hohe Schielwinkel problematisch, da dann immer weniger Lenkbeschleunigung senkrecht zur Sichtlinie erzeugt werden kann. Während exo-atmosphärische Flugkörper, beispielsweise die sogenannten Kill Vehicle zur Abwehr ballistischer Raketen, beliebige Fluglagen einnehmen können und deshalb zur Lenkung auf ein Ziel so ausgerichtet werden, dass die Querschubdüsen senkrecht zur Sichtlinie wirken, ist bei aerodynamisch gelenkten Flugkörpern zu beachten, dass deren Lage im Raum von der Ausrichtung des Geschwindigkeitsvektors bzw. der Anströmung erzwungen wird.

Schließlich soll noch die Identität der Proportionalnavigation und ZEM-Lenkung nachgewiesen werden. Dazu werden die bekannten Ausdrücke für Annäherungsgeschwindigkeit (2.26) und Sichtliniendrehrate (2.25) in die Gleichung für die wahre Proportionalnavigation eingesetzt.

$$\vec{a}_{PN} = -N \frac{\vec{R}^T \dot{\vec{R}}}{\|\vec{R}\|} \left(\frac{\vec{R} \times \dot{\vec{R}}}{\vec{R}^T \vec{R}} \times \frac{\vec{R}}{\|\vec{R}\|} \right) \tag{2.30}$$

Fasst man den Nenner zusammen, so erhält man:

$$\vec{a}_{PN} = -N \frac{\vec{R}^T \dot{\vec{R}} \left(\vec{R} \times \dot{\vec{R}} \right) \times \vec{R}}{\| \vec{R} \|^4} \tag{2.31}$$

Unter Verwendung des Graßmannschen Entwicklungssatzes

$$(\vec{a} \times \vec{b}) \times \vec{c} = \left(\vec{a}^T \vec{c} \right) \vec{b} - \left(\vec{b}^T \vec{c} \right) \vec{a}$$

kann umgeformt werden.

$$\vec{a}_{PN} = -N \frac{\vec{R}^T \dot{\vec{R}} \left[\left(\vec{R}^T \vec{R} \right) \dot{\vec{R}} - \left(\vec{R}^T \dot{\vec{R}} \right) \vec{R} \right]}{\| \vec{R} \|^4} \tag{2.32}$$

Zur besseren Lesbarkeit werden die auftretenden Skalarprodukte durch $R^2 = (\vec{R}^T \vec{R})$ und $S = (\vec{R}^T \dot{\vec{R}})$ ersetzt. Damit ergibt sich

$$\vec{a}_{PN} = -N \frac{S \left[R^2 \dot{\vec{R}} - S \vec{R} \right]}{R^4} \tag{2.33}$$

Die Zeit bis zur nächsten Annäherung (ZEM) beträgt

$$t_{go} = \frac{\| \vec{R} \|}{v_c} = -\frac{R^2}{S}. \tag{2.34}$$

Wie in Gl. (1.9) ergibt sich der ZEM aus

$$\vec{Z} = \vec{R} + \dot{\vec{R}} \, t_{go} = \vec{R} - \dot{\vec{R}} \, \frac{R^2}{S}. \tag{2.35}$$

Entsprechend Gl. (2.4) lautet das ZEM-Lenkgesetz

$$\vec{a}_{ZEM} = N \, \frac{\vec{Z}}{t_{go}^2}. \tag{2.36}$$

Setzt man in diese Gleichung die soeben bestimmten Ausdrücke (2.34), (2.35) für den ZEM-Vektor und die Restflugzeit ein, so erhält man den gleichen Ausdruck wie in Gl. (2.33).

$$\vec{a}_{ZEM} = N \, \frac{\vec{R} - \dot{\vec{R}} \dfrac{R^2}{S}}{\left(\dfrac{R^2}{S} \right)^2} = -N \frac{S \left[R^2 \dot{\vec{R}} - S \vec{R} \right]}{R^4} \tag{2.37}$$

Damit ist die Identität von wahrer Proportionalnavigation und ZEM-Lenkung nachgewiesen. Diese Identität liefert dem Ingenieur die notwendige Flexibilität zur freien Wahl des geeigneten Lenkansatzes. So ist die Proportionalnavigation immer dann sinnvoll, wenn eine direkte oder indirekte Messung der Sichtliniendrehrate zur Verfügung steht. Der ZEM-Ansatz ermöglicht dagegen umfangreiches A-priori-Wissen in der Lenkung zu berücksichtigen, indem der ZEM durch eine entsprechende Prädiktion (Voraussimulation) berechnet wird.

2.5 Simulationsbeispiel

Mit dem in Anhang B beschriebenen Simulationsmodell wurden einige Läufe zur Illustration der in diesem Kapitel beschriebenen Zusammenhänge durchgeführt. In dem simulierten Szenario wird ein Flugkörper zur Flugabwehr gegen ein Ziel gestartet. Als Lenkgesetz wird die wahre Proportionalnavigation verwendet, so wie in Gl. (2.28) angegeben. Lediglich zwei Erweiterungen wurden vorgenommen: Zum einen wird die Lenkung erst nach einer gewissen Flugzeit T_{ZG} (= zero g) gestartet. Damit wird verhindert, dass bereits in unmittelbarer Nähe zum Startgerät Lenkkommandos umgesetzt werden. Im vorliegenden Beispiel wurde eine Verzögerungszeit von 0,5 Sekunden eingestellt. Zum anderen wird die auf den Flugkörper wirkende Gravitation im Lenkkommando „kompensiert". Damit ist Folgendes gemeint: die Lenkung kommandiert eine Gesamtbeschleunigung. Die Beschleunigungsmesser, die die Ist-Beschleunigung in der Flugkörperregelung liefern, erfassen jedoch nicht die Gravitation. Folglich muss man den Sollwert, das Lenkkommando, sozusagen auf die Verhältnisse der Beschleunigungsmesser umrechnen, indem man die Erdbeschleunigung abzieht.

Das nicht beschleunigte Ziel fliegt aus einer Entfernung von 15 km in einer Höhe von 5000 m um 1000 m seitlich versetzt in Richtung des Startortes an. Es ergeben sich die in Abb. 2.4 dargestellten Trajektorien. Als Lenkverstärkung wurde $N = 4$ verwendet. Der Flugkörper wird unter einer Elevation von 45° in Richtung der x-Achse (z. B. Norden) gestartet. Auf ein signifikantes Umlenkmanöver zu Missionsbeginn kann deshalb verzichtet werden. Sollte ein solches notwendig sein, beispielsweise für einen senkrecht startenden Flugkörper, so ist es sinnvoll, dafür ein separates Lenkgesetz zu implementieren, da die Proportionalnavigation, gerade am Missionsbeginn, bei noch großer Restflugzeit nur sehr langsam auf Kollisionskurs umlenken würde. Die Lenkung wird mit einer Abtastzeit von 0.01 s berechnet.

Mit dem in Anhang B beschriebenen Schubprofil bzw. den Masseeigenschaften ergibt sich der in Abb. 2.5 dargestellte Verlauf der Machzahl.

Die vom Flugkörper umgesetzten Querbeschleunigungen sind in Abb. 2.6 dargestellt. y_{acc} und z_{acc} bezeichnen die körperfesten y- und z-Komponenten der tatsächlichen Beschleunigung. Es ist gut zu erkennen, dass die Limits für die Querbeschleunigung (siehe Kap. B.1) zu keinem Zeitpunkt erreicht werden und ein präziser Treffer kurz nach Brennschluss des Triebwerks erreicht wird.

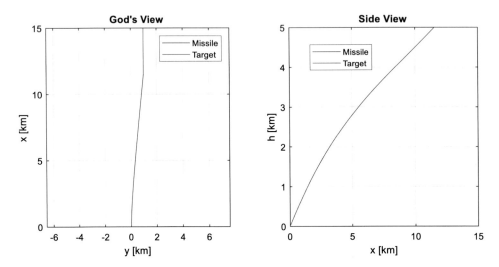

Abb. 2.4 Trajektorie für das nicht beschleunigte Ziel

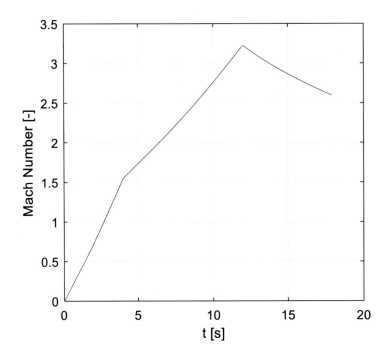

Abb. 2.5 Machzahlverlauf des Flugkörpers im Fall des nicht beschleunigten Ziels

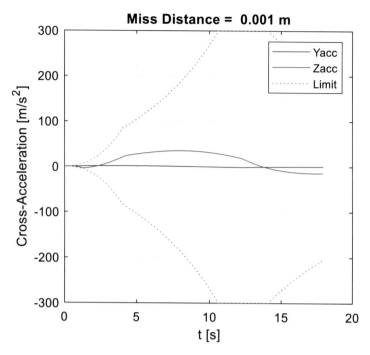

Abb. 2.6 Querbeschleunigung des Flugkörpers im Fall des nicht beschleunigten Ziels

Die Proportionalnavigation stellt wie erwartet den Kollisionskurs her und behält diesen bis zum Treffer bei. Die erreichte Trefferablage von 1 mm ist auf die idealen Randbedingungen dieser Simulation zurückzuführen. In der Praxis werden aufgrund der wirkenden Störeinflüsse derartige Ablagen nicht erreicht. Der Umkehrschluss ist jedoch ebenso korrekt wie wichtig: Treten in der Simulation unter idealen Randbedingungen bereits signifikante Trefferablagen auf, so haben diese systematische Ursachen, die oftmals im Lenkverfahren begründet sind. Diese systematischen Ursachen gilt es dann zu identifizieren und zu beseitigen.

Sobald während des Lenkvorgangs eine Zielbeschleunigung auftritt, kommt es zu signifikanten Trefferablagen. Im nächsten Beispiel beginnt das Ziel eine Linkskurve, indem eine Querbeschleunigung von ca. 4 g ab der zwölften Flugsekunde des Flugkörpers innerhalb einer Sekunde aufgebaut und gehalten wird. Die resultierenden Trajektorien sind in Abb. 2.7 dargestellt.

Der Flugkörper muss aufgrund des Zielmanövers gemäß der Proportionalnavigation eine Querbeschleunigung aufbauen, die mit der Zielannäherung immer weiter zunimmt. Da diese Querbeschleunigung das Limit noch nicht erreicht, kommt es immer noch zum Treffer, allerdings mit einer deutlichen Ablage. Die Querbeschleunigungsverläufe sind in Abb. 2.8 zu sehen.

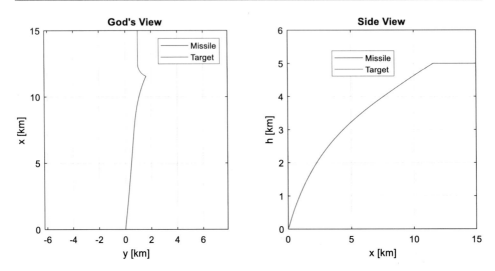

Abb. 2.7 Trajektorie für das beschleunigte Ziel mit $N = 4$

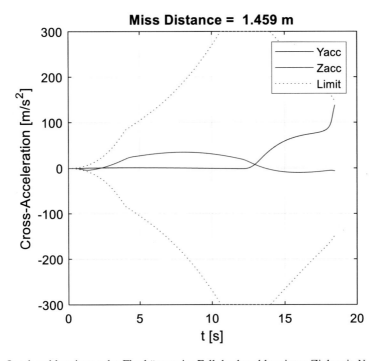

Abb. 2.8 Querbeschleunigung des Flugkörpers im Fall des beschleunigten Ziels mit $N = 4$

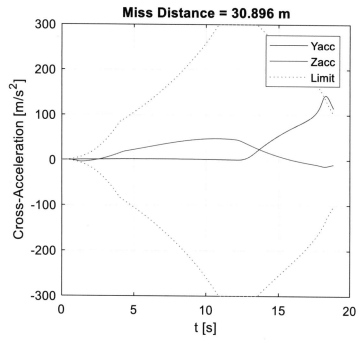

Abb. 2.9 Querbeschleunigung des Flugkörpers im Fall des beschleunigten Ziels mit $N = 3$

Zur Illustration des Einflusses der Lenkverstärkung wurde ein weiterer Simulationslauf mit $N = 3$ durchgeführt. Der Flugkörper reagiert aufgrund der reduzierten Lenkverstärkung zunächst weniger auf das Zielmanöver, so dass die Sichtliniendrehrate weiter zunimmt, die Lenkung dadurch noch vor Missionsende in die Begrenzung kommt und das Ziel mit einer signifikanten Ablage verfehlt wird. Die Verläufe der Querbeschleunigung sind in Abb. 2.9 dargestellt.

Verdoppelt man die ursprünglich gewählte Lenkverstärkung von 4 auf 8, dann ergibt sich ein agileres Verhalten des Flugkörpers und die Trefferablage verringert sich, s. Abb. 2.10.

Wenn man jetzt die Eigenfrequenz des geregelten Flugkörpers von ursprünglich 1 Hz auf 0.5 Hz absenkt, dann wirkt sich die Instabilität der Lenkschleife am Missionsende bereits in Form einer deutlich vergrößerten Zielablage aus, s. Abb. 2.11.

2.6   Zusammenfassung

Bei der Proportionalnavigation handelt es sich um das klassische und meistgenutzte Lenkgesetz für Flugkörper. Die zur Lenkung benötigten Größen aus der Relativgeometrie sind relativ einfach messbar. Beispielsweise entspricht der Stellaufwand zum Nachführen eines kreiselstabilisierten Suchers der inertialen Sichtliniendrehrate. Beim kreiselstabilisierten

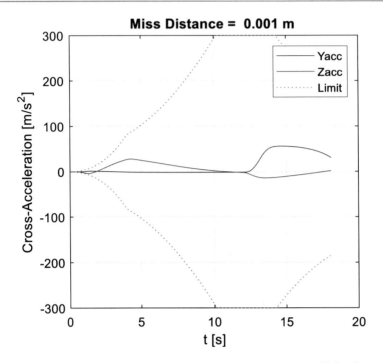

Abb. 2.10 Querbeschleunigung des Flugkörpers im Fall des beschleunigten Ziels mit $N = 8$

Sucher ist der Hauptspiegel zugleich als mechanischer Kreisel ausgeführt, der aufgrund des Dralls bestrebt ist, seine inertiale Ausrichtung unabhängig von der Bewegung des Flugkörpers beizubehalten.

Die Proportionalnavigation ist optimal für nichtbeschleunigte Ziele (und Flugkörper). Die Grenzen zur Bekämpfung manövrierender Ziele sind durch die

- Querbeschleunigungsfähigkeit des Flugkörpers (statische Manövrierbarkeit) und
- die Bandbreite des geregelten Airframe (dynamische Manövrierbarkeit) gesetzt.

Zielmanöver führen stets zu Zielablagen! Die tatsächliche Zielablage und damit der militärische Nutzen ergibt sich statisch aus dem Verhältnis der Querbeschleunigung des Flugkörpers und der Querbeschleunigung des Ziels (statische Manöverüberlegenheit). Dieses Verhältnis sollte mindestens 3 betragen.

Mit zunehmender Annäherung an das Ziel wird die Lenkung instabil! Je größer die Lenkverstärkung, desto eher tritt die Instabilität ein. Je größer die Bandbreite, desto später tritt die Instabilität ein. Dem Ziel darf nach Eintritt der Instabilität kein Ausweichmanöver mehr gelingen (dynamische Manöverüberlegenheit).

Sämtliche Flugkörperbeschleunigungen senkrecht zur Sichtlinie, die nicht von der Lenkung kommandiert wurden (Schub, Widerstand), führen ebenso zu Zielablagen.

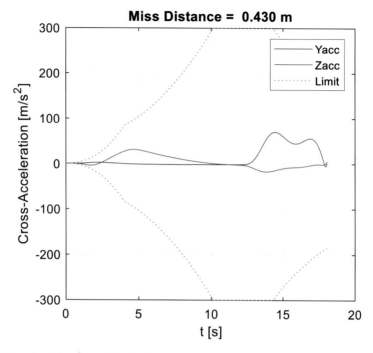

Abb. 2.11 Querbeschleunigung für das beschleunigte Ziel mit $N = 8$ und $f_{Missile} = 0.5\,\mathrm{Hz}$

2.7   Nachtrag: Optimale Wahl der Lenkverstärkung

Wie am Ende von Abschn. 2.2 erwähnt, ist die Lenkverstärkung $N = 3$ optimal im Sinne des Steueraufwands. Das Lenkgesetz (2.6) mit $N = 3$ ergibt sich als Lösung eines – zugegebenermaßen etwas künstlichen – Optimalsteuerungsproblems. Zum Nachvollziehen sind Kenntnisse der Theorie der optimalen Steuerung erforderlich. Der Leser möge diesen Abschnitt als optional betrachten, zum Verständnis der übrigen Inhalte trägt er nichts bei.

Die Herleitung der Dynamik, die dem Optimalsteuerungsproblem zugrundeliegt, knüpft an Abschn. 1.3 an und dort speziell an Gl. (1.10). Setzt man die Restflugzeit (1.13) ein, ergibt sich nach längerer, aber elementarer Rechnung

$$\|\vec{Z}\|^2 = \frac{(\Delta x \cdot \Delta \dot{y} - \Delta y \cdot \Delta \dot{x})^2}{(\Delta \dot{x})^2 + (\Delta \dot{y})^2}, \tag{2.38}$$

was sich mit der Sichtliniendrehrate (1.5) unschreiben lässt zu

$$\|\vec{Z}\|^2 = \frac{R^4 \cdot \dot{\sigma}^2}{\left\|\dot{\vec{R}}\right\|^2}. \tag{2.39}$$

Vereinfachend nehmen wir an, dass nahezu Kollisionskurs herrscht; das rechtfertigt die Näherungen

$$\left\| \dot{\vec{R}} \right\| \approx v_c \quad \text{und} \quad t_{go} = \frac{R}{v_c}. \tag{2.40}$$

Damit wird (2.39) zu

$$\|\vec{Z}\|^2 = (R \cdot \dot{\sigma} \cdot t_{go})^2, \tag{2.41}$$

und für den vorzeichenbehafteten Betrag

$$Z = \|\vec{Z}\| \cdot \text{sign}(\dot{\sigma}) \tag{2.42}$$

des Restfehlers erhalten wir

$$Z = R \cdot \dot{\sigma} \cdot t_{go}. \tag{2.43}$$

Ein weiterer Dynamik-Baustein ist Gl. (2.7) geschrieben in der Form

$$R \cdot \ddot{\sigma} - 2 \cdot v_c \cdot \dot{\sigma} = -a_c \tag{2.44}$$

mit dem Abstand $R = \|\vec{R}\|$.

Wir formulieren nun das Optimalsteuerungsproblem auf dem Zeitintervall $0 \le t \le t_f$, die Restflugzeit t_{go} steht im Weiteren als Abkürzung für

$$t_{go} = t_f - t. \tag{2.45}$$

Wir nehmen eine konstante Annäherungsgeschwindigkeit $v_c = -\dot{R} > 0$ an, $R(0) = R_0 > 0$ sei der Anfangsabstand. Daher ist

$$R(t) = v_c \cdot t_{go}, \tag{2.46}$$

es kommt also zu einem Treffer für $t = t_f \Leftrightarrow t_{go} = 0$. Die Frage ist, welchen minimalen Steueraufwand der Flugkörper dazu braucht. Gl. (2.46) (Spezialfall $t = 0$) legt außerdem die oben eingeführte Endzeit fest:

$$t_f = \frac{R_0}{v_c} \tag{2.47}$$

Durch Differentiation von (2.43) erhält man nach der Produktregel

$$\dot{Z} = \dot{R} \cdot \dot{\sigma} \cdot t_{go} + R \cdot \ddot{\sigma} \cdot t_{go} + R \cdot \dot{\sigma} \cdot (-1). \tag{2.48}$$

Einsetzen von (2.44) und (2.46) führt auf

$$\dot{Z} = -v_c \cdot \dot{\sigma} \cdot t_{go} + (2 \cdot v_c \cdot \dot{\sigma} - a_c) \cdot t_{go} - v_c \cdot \dot{\sigma} \cdot t_{go} = -a_c \cdot t_{go}. \tag{2.49}$$

Damit kann nun das endgültige **Optimalsteuerungsproblem** formuliert werden: Für den Restfehler Z gelten die Differentialgleichung

$$\dot{Z} = -a_c \cdot t_{go} \quad \text{und die Randbedingungen} \quad Z(0) = Z_0, \; Z(t_f) = 0. \tag{2.50}$$

Gesucht ist der Steuerverlauf $a_c(t), 0 \le t \le t_f$, der das Zielfunktional

$$J[a_c] = \frac{1}{2} \cdot \int_0^{t_f} a_c^2(t) \, dt \tag{2.51}$$

minimiert. Das Integral (2.51) ist ein übliches Maß für den Steueraufwand in der Regelungstechnik.

Der Einstieg zur **Lösung** ist die Hamilton-Funktion

$$H(a_c, \lambda_Z, t) = \frac{1}{2} \cdot a_c^2 - \lambda_Z \cdot a_c \cdot t_{go} \tag{2.52}$$

mit der „adjungierten Variablen" λ_Z. Da H nicht explizit von Z abhängt, ist

$$\lambda_Z = \text{const.} \tag{2.53}$$

Die optimale Steuerung ergibt sich aus der Optimalitätsbedingung

$$0 = \frac{\partial H}{\partial a_c} \Leftrightarrow a_c = \lambda_Z \cdot t_{go}. \tag{2.54}$$

Durch Einsetzen in (2.50) und Lösen des Anfangswertproblems erhält man den Zeitverlauf des Restfehlers:

$$\dot{Z} = -\lambda_Z \cdot t_{go}^2, \; Z(0) = Z_0 \Longrightarrow \tag{2.55}$$

$$Z(t) = Z_0 - \lambda_Z \cdot \int_0^t (t_f - \tau)^2 d\tau = Z_0 + \frac{\lambda_Z}{3} \cdot (t_f - \tau)^3 \big|_0^t = \tag{2.56}$$

$$= Z_0 + \frac{\lambda_Z}{3} \cdot (t_{go}^3 - t_f^3) \tag{2.57}$$

Der Multiplikator λ_Z ergibt sich aus der Endbedingung für den Restfehler:

$$Z(t_f) = 0 \Longrightarrow \lambda_Z = 3 \cdot \frac{Z_0}{t_f^3} \tag{2.58}$$

Einsetzen in (2.57) ergibt den endgültigen Zeitverlauf für den Restfehler:

$$Z(t) = Z_0 \cdot \left(\frac{t_{go}}{t_f}\right)^3 \tag{2.59}$$

Gl. (2.54) liefert den endgültigen Zeitverlauf der optimalen Steuerung:

$$a_c = 3 \cdot \frac{Z_0}{t_f^3} \cdot t_{go} \tag{2.60}$$

So weit die Lösung des Optimalsteuerungsproblems. Aus Gl. (2.43) lässt sich die zugehörige Sichtliniendrehrate rekonstruieren. In Kombination mit (2.46) ergibt sich

$$Z = R \cdot \dot{\sigma} \cdot t_{go} = v_c \cdot \dot{\sigma} \cdot t_{go}^2 \implies v_c \cdot \dot{\sigma} = \frac{Z}{t_{go}^2} = \frac{Z_0}{t_f^3} t_{go}. \tag{2.61}$$

Insbesondere ist $\dot{\sigma}(t_f) = 0$, am Ende stellt sich also Kollisionskurs ein. Der Vergleich von (2.60) und (2.61) führt auf

$$a_c = 3 \cdot v_c \cdot \dot{\sigma}, \tag{2.62}$$

das ist gerade die PN gemäß (2.6) mit der Lenkverstärkung $N = 3$.

Zieldeckungslenkung

3

Zusammenfassung

Die Zieldeckungslenkung ist das geeignete Lenkverfahren für die in Abschn. 1.4 eingeführte kommandierte Lenkung, und dort speziell für das Beamrider-Verfahren. Man spricht auch von „Dreipunktlenkung", da drei Elemente an dem Szenario beteiligt sind: der Lenkstand, der Flugkörper und das Ziel. „Beamrider Missiles" werden meist als Boden-Luft-Flugkörper eingesetzt und sind im Gegensatz zu Luft-Luft-Flugkörpern nicht voll autonom, d.h. sie sind mehr oder weniger auf Information vom Lenkstand angewiesen. Von dort aus werden Flugkörper und Ziel über Radar bzw. Laser verfolgt, um deren Position und Geschwindigkeit zu ermitteln. Die Herleitung der Zieldeckungslenkung erfolgt didaktisch in zwei Schritten. Im ersten Schritt wird das Szenario auf eine vertikale Ebene beschränkt, danach folgt die Erweiterung auf drei Dimensionen.

3.1 Zieldeckungslenkung in der Vertikalebene

3.1.1 Entwurfsmodell

Der Einfachheit halber nehmen wir an, dass die Guidance-Koordinaten durch das kartesische Koordinatensystems in Abb. 3.1 definiert sind. Aus flugmechanischer Sicht kann man sich ein erdfestes Koordinatensystem über ruhender, flacher Erde vorstellen mit dem Lenkstand im Ursprung. $\vec{R}_M$ und $\vec{R}_T$ bezeichnen die Ortsvektoren von Flugkörper und Ziel mit den Polarkoordinaten R_M und ε_M bzw. R_T und ε_T. $\vec{V}_M$ und $\vec{V}_T$ sind die Geschwindigkeitsvektoren mit den Polarkoordinaten V_M und γ_M bzw. V_T und γ_T. Die Neigungswinkel γ_M und γ_T der Geschwindigkeitsvektoren werden in der Flugmechanik als Bahnneigungswinkel bezeichnet. Auf den Achsen in Abb. 3.1 sind Höhe (h) und Reichweite (x) aufgetragen. Mit

T. Kuhn und W. Grimm, *Lenkverfahren*, https://doi.org/10.1007/978-3-662-64211-5_3

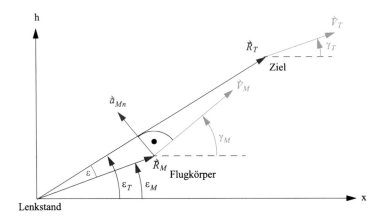

Abb. 3.1 Entwurfsmodell für die Zieldeckungslenkung

den Größen in Abb. 3.1 lässt sich die Gesamtbeschleunigung $\dot{\vec{V}}_M$ des Flugkörpers in die Längsbeschleunigung $\vec{a}_{Ml}$ und die Querbeschleunigung $\vec{a}_{Mn}$ zerlegen:

$$\dot{\vec{V}}_M = \frac{\mathrm{d}}{\mathrm{d}t}(V_M \cdot \begin{bmatrix} \cos\gamma_M \\ \sin\gamma_M \end{bmatrix}) = \dot{V}_M \begin{bmatrix} \cos\gamma_M \\ \sin\gamma_M \end{bmatrix} + V_M \cdot \begin{bmatrix} -\sin\gamma_M \\ \cos\gamma_M \end{bmatrix} \dot{\gamma}_M = \vec{a}_{Ml} + \vec{a}_{Mn}$$

Die Längsbeschleunigung $\vec{a}_{Ml}$ ist parallel zu $\vec{V}_M$ und nicht steuerbar. Die eigentliche Flugkörpersteuerung ist die auf $\vec{V}_M$ senkrecht stehende Querbeschleunigung $\vec{a}_{Mn}$. Die Skalare a_{Ml} und a_{Mn} bezeichnen die vorzeichenbehafteten Längen von $\vec{a}_{Ml}$ bzw. $\vec{a}_{Mn}$:

$$\begin{aligned} a_{Ml} &= \|\vec{a}_{Ml}\| \cdot \mathrm{sign}(\dot{V}_M) = \dot{V}_M \\ a_{Mn} &= \|\vec{a}_{Mn}\| \cdot \mathrm{sign}(\dot{\gamma}_M) = V_M \cdot \dot{\gamma}_M \end{aligned} \tag{3.1}$$

Die in Abb. 3.1 gewählte Richtung von $\vec{a}_{Mn}$ entspricht $\dot{\gamma}_M > 0$, in der entgegengesetzten Richtung wäre $\dot{\gamma}_M < 0$. Ist $\vec{V}_M$ gegeben, so ist der Vektor $\vec{a}_{Mn}$ durch den Skalar a_{Mn} - zumindest im ebenen Fall - eindeutig festgelegt. Das gesuchte Lenkgesetz führt den Zustand von Flugkörper und Ziel auf den Skalar a_{Mn} zurück.

Die kinematischen Bewegungsgleichungen des Flugkörpers lauten wie folgt:

$$R_M \cdot \dot{\varepsilon}_M = V_M \cdot \sin(\gamma_M - \varepsilon_M) \tag{3.2}$$

$$\dot{R}_M = V_M \cdot \cos(\gamma_M - \varepsilon_M) \tag{3.3}$$

Die Bewegungsgleichungen (3.2) und (3.3) lassen sich in der Weise herleiten, dass man die Kinematik zunächst in den kartesischen Koordinaten x und h aufstellt und dann in die Polarkoordinaten R_M und ε_M umrechnet. Ausgangspunkt für den Lenkentwurf ist die Ableitung von (3.2) unter Verwendung der Definitionen (3.1):

$$\ddot{\varepsilon}_M \cdot R_M + 2 \cdot \dot{\varepsilon}_M \cdot \dot{R}_M = \frac{1}{V_M} \cdot (a_{Ml} \cdot \dot{\varepsilon}_M \cdot R_M + a_{Mn} \cdot \dot{R}_M) \tag{3.4}$$

Für das Ziel gelten entsprechende Bewegungsgleichungen, dazu ersetze man den Index M durch T in (3.2)–(3.4).

3.1.2 Lenkkonzept

Das Lenkprinzip kommt bereits in der Bezeichnung „Zieldeckungslenkung" zum Ausdruck. Der Ortsvektor des Ziels spielt die Rolle der „Zieldeckungslinie". Der Flugkörper ist so zu lenken, dass er auf die Zieldeckungslinie einschwenkt und dort bleibt. Gelingt das, so verdeckt er aus Sicht des Schützen das Ziel, daher der Begriff Zieldeckung. Ist die Zieldeckung erfolgreich und nehmen wir für den Flugkörper einen Geschwindigkeitsvorteil gegenüber dem Ziel an, so bewegt sich der Flugkörper entlang der Zieldeckungslinie in Richtung Ziel, und es kommt zwangsläufig zu einem Treffer.

Die angestrebte Zieldeckung lässt sich geometrisch mit den Größen in Abb. 3.1 beschreiben:

$$\vec{R}_M \text{ parallel zu } \vec{R}_T \quad \Leftrightarrow \quad \varepsilon = \varepsilon_T - \varepsilon_M = 0 \tag{3.5}$$

Die Forderung (3.5) ist der Ausgangspunkt für eine regelungstechnische Interpretation der Zieldeckungslenkung wie in Abb. 3.2. ε_T lässt sich auffassen als Sollwert für den Richtungswinkel ε_M des Flugkörpers, ε spielt die Rolle der Regeldifferenz.

Das Problem im Regelkreis in Abb. 3.2 besteht darin, dass ε_T nicht vorhersagbar und vor allem nicht konstant ist. Selbst wenn das Ziel in Abb. 3.1 mit konstanter Geschwindigkeit V_T in konstanter Höhe h_T in Richtung positiver x-Achse fliegt, ist ε_T eine nichtlineare Funktion der Zeit:

$$\varepsilon_T(t) = \arctan\left(\frac{h_T}{t \cdot V_T}\right) \quad \text{für} \quad t > 0$$

Das bedeutet, dass der Flugkörper ständig eine Querbeschleunigung aufbringen muss, um dem veränderlichen Sollwert ε_T zu folgen. Selbst wenn der Flugkörper den Zustand (3.5) der Zieldeckung erreicht hat, muss er weiterhin beschleunigen, um (3.5) aufrecht zu erhalten. Anschaulich gesprochen, muss er mit passenden Querbeschleunigungen die permanente Drehung der Zieldeckungslinie $\vec{R}_T$ mitmachen, um auf ihr zu bleiben. Daraus folgt, dass der Regelkreis in Abb. 3.2 keinen stationären Zustand annimmt. Das erschwert die Anwendung der klassischen linearen Regelung, denn diese stützt sich auf ein lineares Entwurfsmodell, das durch Linearisierung um einen stationären Zustand entsteht. Im Idealfall ist es der stationäre Zustand, der sich beim Einregeln eines konstanten Sollwertes einstellt, was hier nicht geschieht. Darüberhinaus hat der Regler das Problem, dass er nur auf Regeldifferenzen $\varepsilon \neq 0$ reagiert. D.h. er bemerkt die Änderung des Sollwertes erst durch die Änderung der Regeldifferenz, was zu einem Nachhinken des Istwertes ε_M führt. Selbst ein Regler mit

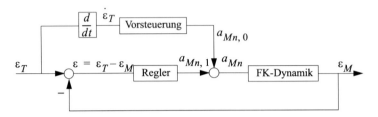

Abb. 3.2 Regelungstechnische Interpretation der Zieldeckungslenkung

integrierendem Anteil kann bei einem zeitvarianten Sollwert die Regeldifferenz nicht auf
null bringen.

Eine Abhilfe in einem solchen Fall ist das Konzept der Vorsteuerung, in Abb. 3.2 das
Signal $a_{Mn,0}(t)$, das erforderlich wäre, um dem Sollwert perfekt zu folgen:

$$\varepsilon = \varepsilon_T - \varepsilon_M = 0 \quad \forall t \tag{3.6}$$

Anders ausgedrückt, ist $a_{Mn,0}(t)$ die Querbeschleunigung, die den Flugkörper befähigt, die
Drehung der Zieldeckungslinie mitzumachen, wenn er sich einmal dort befindet. Dazu wird
$a_{Mn,0}(t)$ aus dem dynamischen Modell berechnet wie im folgenden Abschnitt. Am Ende
setzt sich die zu entwerfende Flugkörpersteuerung a_{Mn} aus zwei Anteilen zusammen wie
in Abb. 3.2:

$$a_{Mn} = a_{Mn,0} + a_{Mn,1}$$

Die Vorsteuerung $a_{Mn,0}$ dient zur Einhaltung der Zieldeckung (3.6), das Reglerkommando
beseitigt Abweichungen von der Zieldeckung (3.6). Erfahrungsgemäß führt die Vorsteuerung
zu einer Verkleinerung der Regeldifferenz ε im Vergleich zu einer Regelung, die sich nur auf
$a_{Mn,1}$ stützt. Die Herleitung von $a_{Mn,0}$ geschieht im folgenden Abschn. 3.1.3, Abschn. 3.1.4
zeigt einen möglichen Entwurf von $a_{Mn,1}$.

3.1.3 Vorsteuerung

Wir fassen die Forderung (3.6) als Identität in der Zeit auf und ermitteln die zugehörige
Steuerung $a_{Mn,0}$ durch fortgesetzte Differentiation:

$$\varepsilon_M \equiv \varepsilon_T \Rightarrow \dot{\varepsilon}_M \equiv \dot{\varepsilon}_T, \ddot{\varepsilon}_M \equiv \ddot{\varepsilon}_T \tag{3.7}$$

Setzt man 3.7 in 3.4 ein, so erhält man

$$\ddot{\varepsilon}_T \cdot R_M + 2 \cdot \dot{\varepsilon}_T \dot{R}_M = \frac{1}{V_M} \cdot (a_{Ml} \cdot \dot{\varepsilon}_T \cdot R_M + a_{Mn,0} \cdot \dot{R}_M).$$

Auflösung nach $a_{Mn,0}$ ergibt

$$a_{Mn,0} = \frac{1}{\dot{R}_M} \cdot \left[(\ddot{\varepsilon}_T \cdot R_M + 2 \cdot \dot{\varepsilon}_T \cdot \dot{R}_M) \cdot V_M - a_{Ml} \cdot \dot{\varepsilon}_T \cdot R_M \right]. \tag{3.8}$$

Am Lenkstand werden dauerhaft die Größen R_M, ε_T gemessen. Durch Differentiation der Messungen erhält man im günstigen Fall brauchbare Näherungen für die ersten Ableitungen $\dot{R}_M$, $\dot{\varepsilon}_T$. Die zweite Ableitung $\ddot{\varepsilon}_T$ ist praktisch unzugänglich. Außerdem erfordert das Lenkgesetz (3.8) die Messung bzw. Schätzung der Längsbeschleunigung a_{Ml}.

Eine einfache Schätzung von $\ddot{\varepsilon}_T$ ergibt sich unter der Annahme eines nicht manövrierenden Ziels. Gl. 3.4 gilt genauso gut für das Ziel (Index T statt Index M). Entfallen die Beschleunigungen auf der rechten Seite, erhält man

$$\ddot{\varepsilon}_T \cdot R_T + 2 \cdot \dot{\varepsilon}_T \cdot \dot{R}_T = 0 \Rightarrow \ddot{\varepsilon}_T = -2 \cdot \frac{\dot{R}_T}{R_T} \cdot \dot{\varepsilon}_T. \tag{3.9}$$

Einsetzen von (3.9) führt auf eine messtechnisch einfachere Variante von (3.8):

$$a_{Mn,0} = \dot{\varepsilon}_T \cdot \left[2 \cdot V_M \cdot \left(1 - \frac{R_M}{\dot{R}_M} \frac{\dot{R}_T}{R_T} \right) - a_{Ml} \cdot \frac{R_M}{\dot{R}_M} \right] \tag{3.10}$$

Wie oben beschrieben, geht es darum, den Flugkörper mit der Vorsteuerung $a_{Mn,0}$ in die Lage zu versetzen, die Drehung der Zieldeckungslinie mitzumachen, und diese Drehung wird repräsentiert durch die Drehrate $\dot{\varepsilon}_T$. Daher ist $\dot{\varepsilon}_T$ die entscheidende Größe für $a_{Mn,0}$, was sich im Lenkgesetz (3.10) und in Abb. 3.2 widerspiegelt. Da der Flugkörper i. Allg. schneller ist als das Ziel, ist

$$\frac{R_M}{\dot{R}_M} \ll \frac{R_T}{\dot{R}_T}.$$

Vernachlässigt man zusätzlich noch die Längsbeschleunigung, reduziert sich 3.10 auf die einfachstmögliche Variante

$$a_{Mn,0} = 2 \cdot V_M \cdot \dot{\varepsilon}_T.$$

3.1.4 Lenkung zum Erreichen der Zieldeckung

Der Anteil $a_{Mn,1}$ am Querbeschleunigungskommando in Abb. 3.2 soll Abweichungen vom Idealzustand (3.5) beseitigen. Das tatsächlich verwendete Maß für die Abweichung von (3.5) ist nicht die Regeldifferenz ε, sondern

$$M = R_M \cdot \sin \varepsilon, \tag{3.11}$$

die Entfernung des Flugkörpers von der Zieldeckungslinie (s. Abb. 3.3). „Beamrider Missiles" sind in der Lage, den Lotabstand M selbstständig zu messen. Wegen $|\varepsilon| \ll 1$ reicht die Approximation

$$M = R_M \cdot \varepsilon. \tag{3.12}$$

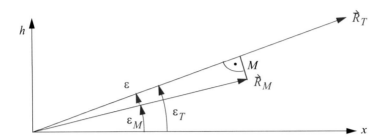

Abb. 3.3 Maß für die Abweichung von der Zieldeckungslinie

$a_{Mn,1}$ ist das Reglerkommando in Abb. 3.2. Da für einen konventionellen linearen Entwurf wie bereits erwähnt der stationäre Zustand fehlt, greifen wir auf einen Ansatz der nichtlinearen Regelung zurück, die so genannte EA-Linearisierung. Auch ohne genaue Kenntnis der zugehörigen Theorie ist die Grundidee recht einfach, wie sich im Folgenden zeigen wird. Als Vorarbeit betrachten wir die Ableitungen der Ablage M gemäß 3.12:

$$\dot{M} = \dot{R}_M \cdot \varepsilon + R_M \cdot \dot{\varepsilon}$$
$$\ddot{M} = \ddot{R}_M \cdot \varepsilon + 2 \cdot \dot{R}_M \dot{\varepsilon} + R_M \ddot{\varepsilon} =$$
$$= \ddot{R}_M \cdot \varepsilon + 2 \cdot \dot{R}_M \dot{\varepsilon}_T + R_M \cdot \ddot{\varepsilon}_T - (2 \cdot \dot{R}_M \dot{\varepsilon}_M + R_M \cdot \ddot{\varepsilon}_M)$$

Wir ersetzen $2 \cdot \dot{R}_M \dot{\varepsilon}_M + R_M \ddot{\varepsilon}_M$ gemäß (3.4), und zwar mit dem Ansatz

$$a_{Mn} = a_{Mn,0} + a_{Mn,1}.$$

Das ergibt

$$\ddot{M} = \ddot{R}_M \cdot \varepsilon + 2 \cdot \dot{R}_M \cdot \dot{\varepsilon}_T + R_M \cdot \ddot{\varepsilon}_T - \frac{1}{V_M} \cdot \left[a_{Ml} \cdot \dot{\varepsilon}_M \cdot R_M + (a_{Mn,0} + a_{Mn,1}) \cdot \dot{R}_M \right].$$

Nimmt man für die Vorsteuerung $a_{Mn,0}$ die ideale Variante (3.8), ergibt sich

$$\ddot{M} = \ddot{R}_M \cdot \varepsilon - \frac{\dot{R}_M}{V_M} \cdot a_{Mn,1} + \frac{R_M}{V_M} \cdot a_{Ml} \cdot \dot{\varepsilon}. \tag{3.13}$$

Nun zur eigentlichen EA-Linearisierung: Um Zieldeckung zu erreichen, muss M gegen null gehen. Daher wird gefordert, dass M im Sinne einer stabilen, linearen Dynamik zweiter Ordnung gegen null geht:

$$\ddot{M} + 2\omega\zeta \cdot \dot{M} + \omega^2 \cdot M = 0 \tag{3.14}$$

ω und ζ sind noch zu findende Lenkparameter. Ersetzen von $\ddot{M}$ gemäß (3.13) und Auflösen nach $a_{Mn,1}$ ergibt

$$a_{Mn,1} = \frac{V_M}{\dot{R}_M} \left(\ddot{R}_M \cdot \varepsilon + \frac{R_M}{V_M} \cdot a_{Ml} \cdot \dot{\varepsilon} + 2\omega\zeta \cdot \dot{M} + \omega^2 \cdot M \right). \tag{3.15}$$

Vernachlässigt man $\ddot{R}_M$ und a_{Ml} und setzt näherungsweise $V_M \approx \dot{R}_M$, reduziert sich (3.15) auf einen PD-Regler für den Abstand M:

$$a_{Mn,1} = 2\omega\zeta \cdot \dot{M} + \omega^2 \cdot M \tag{3.16}$$

Sinnvolle Werte für die Dämpfung ζ liegen in der Größenordnung von eins. Folgende Überlegungen führen auf sinnvolle Werte für die Eigenfrequenz ω:

1. Vergleich der Größenordnungen: Typische Werte für M sollen auf eine annehmbare Größenordnung der Querbeschleunigung $a_{Mn,1}$ führen. Daraus ergibt sich ein konstanter Wert für ω.
2. Schnellere Reaktion bei Annäherung an das Ziel: Dazu wird ω als Kehrwert einer Zeitkonstante T aufgefasst, die wie bei der PN zur geschätzten Restflugzeit in Beziehung gesetzt wird:

$$\omega = \frac{1}{T} \quad \text{mit} \quad T = \frac{1}{N} \cdot \frac{\| \vec{R}_T - \vec{R}_M \|}{V_c} \tag{3.17}$$

V_c bezeichnet die Annäherungsgeschwindigkeit. ω nimmt dann bei Annäherung an das Ziel zu mit dem Risiko, dass die kommandierte Querbeschleunigung irgendwann nicht mehr umsetzbar ist.

3.1.5 Simulationsergebnisse

Mit einem einfachen Flugkörpermodell werden Simulationen zur Zieldeckungslenkung durchgeführt. Folgende Varianten der Zieldeckungslenkung (3.8), (3.15) werden verglichen (Tab. 3.1):

Zur Simulation einer **Zielbeschleunigung** wird dem Ziel eine sinusförmige Flugbahn mit konstanter Geschwindigkeit V aufgeprägt (Der Index T für das Ziel wurde in den folgenden Gleichungen weggelassen.).

$$\sin(\gamma(t)) = \sin(\gamma_{max}) \cdot \sin(\omega \cdot t) \quad \text{mit} \quad \omega = \frac{g \cdot (n_{max} - 1)}{V \cdot \sin(\gamma_{max})} \tag{3.18}$$

Tab. 3.1 Varianten der Zieldeckungslenkung in der Vertikalebene

1.	die ideale Form wie in (3.8), (3.15)
2.	Annahme eines nichtmanövrierenden Ziels wie in (3.9), (3.10)
3.	Vernachlässigung der Beschleunigungen a_{Ml} und $\ddot{R}_M$
4.	beide Vereinfachungen 2. und 3. gleichzeitig

γ_{max} ist die maximale Bahnneigung entlang der Flugbahn, n_{max} ist das angenommene maximale Lastvielfache des Zielflugzeugs, in den Simulationen wurden $\gamma_{max} = 0.5$ rad und $n_{max} = 5$ gesetzt. Aus dem Bahnneigungsverlauf (3.18) lässt sich sofort der Höhenverlauf ermitteln. $h(t)$ ist die Lösung des Anfangswertproblems

$$\dot{h} = V \cdot \sin \gamma, \quad h(0) = h_0.$$

Für $\sin \gamma$ wie in (3.18) ergibt sich der Höhenverlauf

$$h(t) = h_0 + \frac{V \cdot \sin(\gamma_{max})}{\omega} \cdot [1 - \cos(\omega \cdot t)]. \tag{3.19}$$

Die Frequenz ω wie in (3.18) garantiert, dass das maximale Lastvielfache nicht überschritten wird. Durch Differenziation von (3.18) und Einsetzen von ω lässt sich der erforderliche Auftrieb entlang der Flugbahn berechnen:

$$\dot{\gamma} = \frac{\omega \cdot \sin(\gamma_{max}) \cdot \cos(\omega \cdot t)}{\cos(\gamma(t))} = \frac{g \cdot (n_{max} - 1)}{V} \cdot \frac{\cos(\omega \cdot t)}{\cos(\gamma(t))}$$

Wegen

$$\left| \frac{\cos(\omega \cdot t)}{\cos(\gamma(t))} \right| < 1 \tag{3.20}$$

folgt

$$|\dot{\gamma}| \leq \frac{g \cdot (n_{max} - 1)}{V}. \tag{3.21}$$

Setzt man für $\dot{\gamma}$ in (3.21) die Bewegungsgleichung

$$\dot{\gamma} = \frac{g}{V} \cdot (n - \cos \gamma) \tag{3.22}$$

für den Flug in der Vertikalebene ein, so sieht man, dass $n \leq n_{max}$ garantiert ist. Für eine realistische Modellierung der Zielflugbahn ist es wichtig, die begrenzte Auftriebsfähigkeit des Flugzeugs zu berücksichtigen.

Der Anfangszustand der beiden Fahrzeuge ist folgender Tab. 3.2 zu entnehmen:

Tab. 3.2 Anfangszustand von Flugkörper und Ziel in der Vertikalebene

	x	h	V	γ
Ziel	6 km	1 km	250 m/s	0
Flugkörper	$\vec{R}_{M0} = \begin{bmatrix} x_{M0} \\ h_{M0} \end{bmatrix}$ zeigt in Richtung Ziel, $R_{M0} = 100$ m		$\vec{V}_{M0} = V_{M0} \begin{bmatrix} \cos \gamma_{M0} \\ \sin \gamma_{M0} \end{bmatrix}$ zeigt in Richtung Ziel, $V_{M0} = 20$ m/s	

Abb. 3.4 Flugbahnen in der
(x,h)-Ebene

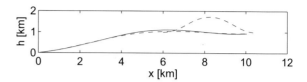

Im Sinne der Zieldeckung liegt es nahe, den Flugkörper exakt in Richtung Ziel abzu-
schießen; diese Wahl von $\vec{R}_{M0}$ garantiert $M(0) = 0$. Abb. 3.4 zeigt die Flugbahnen in der
(x,h)-Ebene. Die Zielflugbahn (gestrichelt) folgt dem Höhenverlauf (3.19), das Ziel vollen-
det nahezu eine Periode der Schwingung. Der Flugkörper wird im ersten Fall mit dem idealen
Lenkgesetz (3.8), (3.15) gelenkt (durchgezogene Linie), die zweite Flugbahn (gestrichelt)
beruht auf der Annahme eines nichtmanövrierenden Ziels (Lenkgesetz 2. in Tab. 3.1).

Abb. 3.5 zeigt weitere Zeitverläufe zum Vergleich der Lenkgesetze 1. und 2. in Tab. 3.1.
Die Anfangsbedingung $V_{M0} = 20\,\text{m/s}$ ist der Grund dafür, dass der Abstand R der beiden
Fahrzeuge zu Beginn kurzzeitig anwächst, erst am Ende der ersten heftigen Beschleuni-
gungsphase (s. a_{ML}-Diagramm) nimmt R ab. In $M(t)$ macht sich die fälschliche Annahme
eines nichtmanövrierenden Ziels bemerkbar, die Ausschläge sind größer als beim idealen
Lenkgesetz 1. Wegen der Anfangsbedingungen in Tab. 3.2 ist in jedem Fall $M(0) = 0$. n_v
in Abb. 3.5 bezeichnet das Lastvielfache des Flugkörpers. Im a_{Ml}-Diagramm sieht man die
drei Phasen der Flugkörperbeschleunigung, die „boost phase" mit $a_{Ml} \approx 15 \cdot g$, die darauf-
folgende „march phase" und die Freiflugphase („coasting phase") mit $a_{Ml} < 0$ wegen des
Luftwiderstandes (Abb. 3.5). Abb. 3.6 zeigt, dass auch die Vernachlässigung der Längsbeschleunigung a_{Ml} trotz Berücksichtigung der Zielbeschleunigung zu einer Verschlechterung
der Zieldeckung im Sinne größerer Ausschläge in $M(t)$ führt. Werden sowohl a_{Ml} als auch
die Zielbeschleunigung vernachlässigt (Lenkgesetz 4. in Tab. 3.1), sind erwartungsgemäß

Abb. 3.5 Vergleich der
Lenkgesetze 1. (gestrichelt)
und 2. (durchgezogen) in
Tab. 3.1

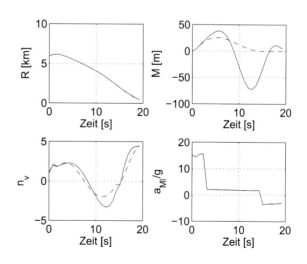

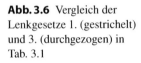

Abb. 3.6 Vergleich der
Lenkgesetze 1. (gestrichelt)
und 3. (durchgezogen) in
Tab. 3.1

Abb. 3.7 Vergleich der
Lenkgesetze 1. (gestrichelt)
und 4. (durchgezogen) in
Tab. 3.1

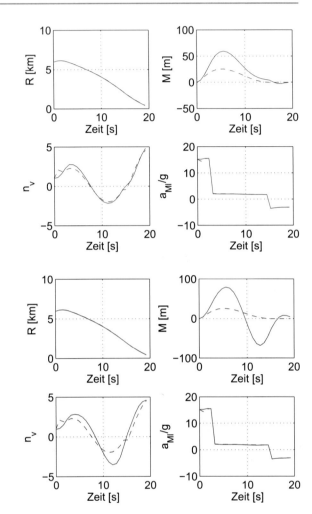

die Ausschläge in $M(t)$ noch größer, als wenn nur eine der beiden Vereinfachungen gemacht
wird (Abb. 3.7).

3.2   Zieldeckungslenkung in drei Dimensionen

Wie angekündigt, wird die Zieldeckungslenkung nun auf drei Dimensionen erweitert. Die
Entwurfsideen und -verfahren sind dieselben wie im ebenen Fall. Anders als im Zweidimensionalen ist es nicht zweckmäßig, das Szenario mit Winkeln zu modellieren. Vielmehr
wird bei allen Vektoren die kartesische Koordinatendarstellung zugrunde gelegt. Ähnlich
wie bei der PN wird das Vektorprodukt ein wichtiges Hilfsmittel bei der Herleitung sein.

3.2.1 Entwurfsmodell

Die Kinematik von Flugkörper und Ziel lautet nun

$$\dot{\vec{R}}_M = \vec{V}_M, \ \dot{\vec{R}}_T = \vec{V}_T.$$

Wie im Zweidimensionalen spielt $\vec{R}_T$ die Rolle der Zieldeckungslinie. Alle beteiligten Vektoren seien wieder dargestellt in einem erdfesten, kartesischen Koordinatensystem mit dem Lenkstand im Ursprung. Die Gesamtbeschleunigung des Flugkörpers wird in Längs- und Querbeschleunigung zerlegt:

$$\dot{\vec{V}}_M = \vec{a}_{Ml} + \vec{a}_{Mn} \tag{3.23}$$

Die Längsbeschleunigung $\vec{a}_{Ml}$ ist die zu $\vec{V}_M$ parallele Komponente, die Querbeschleunigung $\vec{a}_{Mn}$ steht senkrecht auf $\vec{V}_M$. Wie im ebenen Fall ist $\vec{a}_{Ml}$ nicht steuerbar; die eigentliche Flugkörpersteuerung ist $\vec{a}_{Mn}$, die per Definition der Beschränkung

$$\vec{a}_{Mn}^T \cdot \vec{V}_M = 0 \tag{3.24}$$

unterliegt. Alle zulässigen Lenkkommandos müssen die Bedingung 3.24 erfüllen. Für den weiteren Lenkentwurf bezeichne

$$\vec{e}_T = \frac{\vec{R}_T}{R_T} \tag{3.25}$$

den Einheitsvektor in Richtung Zieldeckungslinie.

3.2.2 Lenkkonzept

Genau wie im Zweidimensionalen bedeutet Zieldeckung, dass die Vektoren $\vec{R}_M$ und $\vec{R}_T$ parallel sind:

$$\vec{R}_M \parallel \vec{R}_T \tag{3.26}$$

Ein Maß für die Abweichung davon ist

$$\vec{M} = \vec{R}_M \times \vec{e}_T. \tag{3.27}$$

Das Fehlersignal, das in der Praxis zur Verfügung steht, ist das Lot $\vec{M}^*$ von der Position $\vec{R}_M$ auf die Zieldeckungslinie. Es lässt sich zeigen, dass $\vec{M}$ und $\vec{M}^*$ in einem einfachen Zusammenhang stehen:

$$\vec{M} = \vec{M}^* \times \vec{e}_T$$

Somit kann man nach Messung von $\vec{M}^*$ das Fehlermaß $\vec{M}$ berechnen und damit die zu entwerfenden Lenkgesetze auswerten.

Wie in der Vertikalebene setzt sich das Lenkkommando aus zwei Teilen zusammen:

$$\vec{a}_{Mn} = \vec{a}_{Mn,0} + \vec{a}_{Mn,1} \tag{3.28}$$

Die „Vorsteuerung" $\vec{a}_{Mn,0}$ dient zur Einhaltung der Zieldeckung, also des Sollzustands $\vec{M} = 0$, sobald dieser Zustand erreicht ist. Das Reglerkommando $\vec{a}_{Mn,1}$ bringt die Abweichung $\vec{M} \neq 0$ auf null.

3.2.3   Vorsteuerung

Mit der Vorstellung, dass der Idealzustand $\vec{M} \equiv 0$ dauerhaft erfüllt ist, gewinnt man durch zweimalige Differenziation die Vorsteuerung $a_{Mn,0}$:

$$\vec{M} \equiv 0 \Rightarrow \dot{\vec{M}} \equiv 0 \Rightarrow \ddot{\vec{M}} \equiv 0$$

Nach (3.27) ist

$$\dot{\vec{M}} = \dot{\vec{R}}_M \times \vec{e}_T + \vec{R}_M \times \dot{\vec{e}}_T \quad \text{und}$$

$$\ddot{\vec{M}} = \ddot{\vec{R}}_M \times \vec{e}_T + 2 \cdot \dot{\vec{R}}_M \times \dot{\vec{e}}_T + \vec{R}_M \times \ddot{\vec{e}}_T.$$

Durch die Bedingung $\ddot{\vec{M}} \equiv 0$ ist die Flugkörperbeschleunigung $\ddot{\vec{R}}_M = \dot{\vec{V}}_M$ nicht eindeutig festgelegt. Erst die modifizierte Bestimmungsgleichung $\ddot{\vec{M}} \times \vec{V}_M = 0$ liefert eine eindeutige Lösung für $\vec{a}_{Mn,0}$ mit der Eigenschaft (3.24):

$$0 = \ddot{\vec{M}} \times \vec{V}_M = (\ddot{\vec{R}}_M \times \vec{e}_T + 2 \cdot \dot{\vec{R}}_M \times \dot{\vec{e}}_T + \vec{R}_M \times \ddot{\vec{e}}_T) \times \vec{V}_M \tag{3.29}$$

Die Flugkörperbeschleunigung $\ddot{\vec{R}}_M$ wiederum setzt sich aus Längs- und Querbeschleunigung zusammen:

$$\ddot{\vec{R}}_M = \vec{a}_{Ml} + \vec{a}_{Mn,0}$$

Die Bestimmungsgleichung (3.29) für $\vec{a}_{Mn,0}$ nimmt somit folgende Form an:

$$\begin{aligned} 0 = \ddot{\vec{M}} \times \vec{V}_M &= (\vec{a}_{Mn,0} \times \vec{e}_T) \times \vec{V}_M + \\ &\quad (\vec{a}_{Ml} \times \vec{e}_T + 2 \cdot \dot{\vec{R}}_M \times \dot{\vec{e}}_T + \vec{R}_M \times \ddot{\vec{e}}_T) \times \vec{V}_M \end{aligned} \tag{3.30}$$

Der erste Term auf der rechten Seite wird mit dem Graßmannschen Entwicklungssatz bearbeitet:

$$\begin{aligned} (\vec{a}_{Mn,0} \times \vec{e}_T) \times \vec{V}_M &= \vec{e}_T \cdot (\vec{a}_{Mn,0}^T \cdot \vec{V}_M) - \vec{a}_{Mn,0} \cdot (\vec{e}_T^T \cdot \vec{V}_M) = \\ &= -\vec{a}_{Mn,0} \cdot (\vec{e}_T^T \cdot \vec{V}_M) \end{aligned}$$

Als Querbeschleunigung steht $\vec{a}_{Mn,0}$ senkrecht auf $\vec{V}_M$ (Gl. (3.24)). Auflösung von (3.29) nach $\vec{a}_{Mn,0}$ ergibt

$$\vec{a}_{Mn,0} = \frac{1}{\vec{V}_M^T \vec{e}_T} \cdot (2 \cdot \dot{\vec{R}}_M \times \dot{\vec{e}}_T + \vec{R}_M \times \ddot{\vec{e}}_T + \vec{a}_{Ml} \times \vec{e}_T) \times \vec{V}_M. \tag{3.31}$$

Genau wie in der Vertikalebene liegen folgende Vereinfachungen nahe:

1. (3.31) erfordert die Messung bzw. Schätzung der Längsbeschleunigung $\vec{a}_{Ml}$. Fehlt diese Information, wird der Term mit $\vec{a}_{Ml}$ einfach weggelassen.
2. Die korrekte Auswertung von $\ddot{\vec{e}}_T$ erfordert eine Messung bzw. Schätzung der Zielbeschleunigung $\dot{\vec{V}}_T$. Fehlt diese Information, setzt man $\dot{\vec{V}}_T = 0$ im Sinne der Annahme eines nicht manövrierenden Ziels.

3.2.4 Lenkkommando zum Erreichen der Zieldeckung

Die Vorsteuerung $\vec{a}_{Mn,0}$ wird ergänzt durch das Reglerkommando $\vec{a}_{Mn,1}$, das Abweichungen $\vec{M} \neq 0$ von der Zieldeckung auf null bringen soll. Als Vorarbeit dazu betrachten wir den Vektor $\ddot{\vec{M}} \times \vec{V}_M$ wie in (3.29):

$$\ddot{\vec{M}} \times \vec{V}_M = (\ddot{\vec{R}}_M \times \vec{e}_T + 2 \cdot \dot{\vec{R}}_M \times \dot{\vec{e}}_T + \vec{R}_M \times \ddot{\vec{e}}_T) \times \vec{V}_M \tag{3.32}$$

Die Gesamtbeschleunigung $\ddot{\vec{R}}_M$ des Flugkörpers setzt sich nun aus der Längsbeschleunigung und beiden Anteilen der Querbeschleunigung zusammen:

$$\ddot{\vec{R}}_M = \vec{a}_{Ml} + \vec{a}_{Mn,0} + \vec{a}_{Mn,1}$$

Eingesetzt in (3.32) ergibt sich

$$\ddot{\vec{M}} \times \vec{V}_M = \left[(\vec{a}_{Ml} + \vec{a}_{Mn,0}) \times \vec{e}_T + 2 \cdot \dot{\vec{R}}_M \times \dot{\vec{e}}_T + \vec{R}_M \times \ddot{\vec{e}}_T \right] \times \vec{V}_M +$$
$$(\vec{a}_{Mn,1} \times \vec{e}_T) \times \vec{V}_M =$$
$$= \left[(\vec{a}_{Ml} + \vec{a}_{Mn,0}) \times \vec{e}_T + 2 \cdot \dot{\vec{R}}_M \times \dot{\vec{e}}_T + \vec{R}_M \times \ddot{\vec{e}}_T \right] \times \vec{V}_M -$$
$$\vec{a}_{Mn,1} \cdot (\vec{e}_T^T \cdot \vec{V}_M)$$

Die Umformung des Terms mit $\vec{a}_{Mn,1}$ beruht wieder auf dem Graßmannschen Entwicklungssatz, vgl. (3.30), (3.31).

Wir nehmen an, dass die Vorsteuerung $\vec{a}_{Mn,0}$ in ihrer idealen Form (3.31) wirksam ist. Somit ist $\vec{a}_{Mn,0}$ Lösung der Gl. (3.30), daher verschwindet der erste Term auf der rechten Seite der obigen Gleichungen. Es bleibt

$$\ddot{\vec{M}} \times \vec{V}_M = -\vec{a}_{Mn,1} \cdot (\vec{e}_T^T \cdot \vec{V}_M). \tag{3.33}$$

Ähnlich wie in Abschn. 3.1.4 entwerfen wir das Zusatzkommando $\vec{a}_{Mn,1}$ mit EA-Linearisierung. Um Zieldeckung zu erreichen, muss $\vec{M}$ gegen null gehen. Daher wird gefordert, dass $\vec{M}$ im Sinne einer stabilen, linearen Dynamik zweiter Ordnung gegen null geht:

$$\ddot{\vec{M}} + 2\omega\zeta \cdot \dot{\vec{M}} + \omega^2 \cdot \vec{M} = 0 \tag{3.34}$$

(3.34) ist die dreidimensionale Verallgemeinerung des Ansatzes (3.14). ω und ζ sind noch zu findende Lenkparmter, hier kommen die gleichen Ideen zur Anwendung wie am Ende von Abschn. 3.1.4. Ähnlich wie beim Entwurf von $\vec{a}_{Mn,0}$ entsteht aus (3.34) durch Multiplikation mit $\vec{V}_M$ eine geeignete Bestimmungsgleichung für ein zulässiges Lenkkommando $\vec{a}_{Mn,1}$:

$$(\ddot{\vec{M}} + 2\omega\zeta \cdot \dot{\vec{M}} + \omega^2 \cdot \vec{M}) \times \vec{V}_M = 0 \tag{3.35}$$

Ersetzen von $\ddot{\vec{M}} \times \vec{V}_M$ gemäß (3.33) und Auflösen nach $\vec{a}_{Mn,1}$ ergibt

$$\vec{a}_{Mn,1} = \frac{1}{\vec{V}_M^T \vec{e}_T} \cdot \left[2\omega\zeta \cdot \dot{\vec{M}} + \omega^2 \cdot \vec{M} \right] \times \vec{V}_M. \tag{3.36}$$

(3.36) ist eine Verallgemeinerung des skalaren PD-Reglers (3.16) und außerdem ein zulässiges Kommando im Simme von (3.24).

3.2.5 Simulationsergebnisse

Mit einem einfachen Flugkörpermodell werden Simulationen zur Zieldeckungslenkung (3.31), (3.36) durchgeführt. Folgende Varianten der Zieldeckung (3.31), (3.36) werden verglichen:

Zur Simulation einer **Zielbeschleunigung** wird dem Ziel eine Schraubenlinie vorgegeben, die mit der konstanten Geschwindigkeit $V = 250\,\text{m/s}$ abzufliegen ist (Der Index T für das Ziel wird in den folgenden Gleichungen weggelassen.). Schraubenlinie bedeutet konstante Bahnneigung - in diesem Fall $\gamma = 30°$ - und konstante Drehrate $\dot{\chi}$. Für eine realistische Flugbahn ist $\dot{\chi}$ so zu bemessen, dass das Zielflugzeug in seiner Auftriebsfähigkeit nicht überfordert wird, für den maximalen Auftrieb wird wieder $n_{max} = 5$ angenommen. Mit den Vorgaben V, γ, n_{max} ergibt sich $\dot{\chi}$ wie folgt (Tab. 3.3).

Tab. 3.3 Varianten der Zieldeckungslenkung in drei Dimensionen	
	1. die ideale Form (3.31), (3.36)
	2. Annahme eines nichtmanövrierenden Ziels
	3. Vernachlässigung der Längsbeschleunigung a_{Ml}
	4. beide Vereinfachungen 2. und 3. gleichzeitig

Tab. 3.4 Anfangszustand von Flugkörper und Ziel in drei Dimensionen

	x	y	h	V	γ	χ
Ziel	6 km	0 km	1 km	250 m/s	30°	0
Flugkörper	0	0	0	$\vec{V}_{M0}$ zeigt in Richtung Ziel, $V_{M0} = 20$ m/s		

$$\dot{\chi} = \text{sign}(\dot{\chi}) \cdot \frac{g}{V \cdot \cos\gamma} \cdot \sqrt{n_{max}^2 - (\cos\gamma)^2}. \tag{3.37}$$

$\text{sign}(\dot{\chi}) = 1$ bedeutet Rechtskurve, $\text{sign}(\dot{\chi}) = -1$ Linkskurve.

Der Anfangszustand der beiden Fahrzeuge ist folgender Tab. 3.4 zu entnehmen:

Eine Simulation wird beendet, sobald der Abstand der beiden Fahrzeuge auf 500 m geschrumpft ist.

Abb. 3.8 zeigt die Flugbahnen in Schrägbildperspektive. Gut zu erkennen ist die Schraubenlinienform der Zielflugbahn mit der kreisförmigen Bodenspur. Abb. 3.9, Abb. 3.10 und Abb. 3.11 zeigen jeweils einen Vergleich des idealen Lenkgesetzes 1. und einer vereinfachten Variante in Tab. 3.3. Im M-Verlauf ist jeweils der Nachteil durch die Vereinfachung zu erkennen. Wegen $\vec{R}_{M0} = 0$ ist in jedem Fall $\vec{M}(0) = 0$. Da der Flugkörper zu Beginn in Rich-

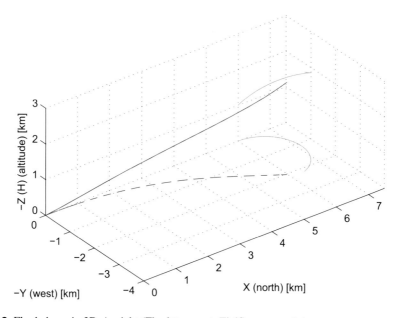

Abb. 3.8 Flugbahnen in 3D-Ansicht (Flugkörper rot, Zielflugzeug grün)

tung Ziel abgeschossen wird ($\vec{V}_{M0} /\!/ \vec{e}_T$), ist auch $\dot{M}(0) = 0$. n bezeichnet das Lastvielfache des Flugkörpers. Typischerweise steigt der Lenk- bzw. Steueraufwand bei abnehmendem Abstand.

Abb. 3.9 Vergleich der
Lenkgesetze 1. (gestrichelt)
und 2. (durchgezogen) in
Tab. 3.3

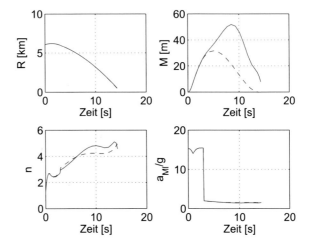

Abb. 3.10 Vergleich der
Lenkgesetze 1. (gestrichelt)
und 3. (durchgezogen) in
Tab. 3.3

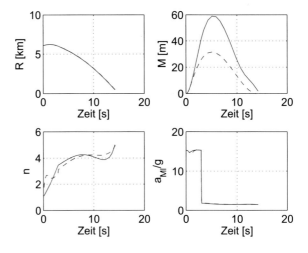

Abb. 3.11 Vergleich der
Lenkgesetze 1. (gestrichelt)
und 4. (durchgezogen) in
Tab. 3.3

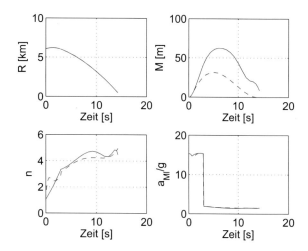

Required-Velocity-Lenkung

4

Zusammenfassung

Die Required-Velocity-Lenkung ist das geeignete Lenkverfahren für ballistische Raketen, deren Flug zum größten Teil außerhalb der Atmosphäre stattfindet. Die Lenkung arbeitet während der Brennphase darauf hin, dass die Rakete zum Zeitpunkt des Brennschlusses auf einer vorgegebenen Keplerbahn zum Zielort fliegt. Das Lenkverfahren berechnet in jedem Lenkzyklus einen Sollwert für den Geschwindigkeitsvektor, die „required velocity", die bei Abschaltung des Triebwerks genau der Geschwindigkeit auf der gewünschten Keplerbahn entspricht. Durch geeignete Kommandos an die Lageregelung der Rakete wird die tatsächliche Geschwindigkeit in die „required velocity" überführt.

4.1 Beschreibung des Lenkprinzips

Eine Raumfahrtmission mit Raketen, Raumsonden, Satelliten usw. ist eine Abfolge von Bahnstücken mit und ohne Schub. Liegen die antriebslosen Phasen außerhalb der Atmosphäre, handelt es sich um Teilstücke von Keplerbahnen, deren Elemente beim Missionsentwurf ganz oder teilweise vorgegeben werden. Die jeweils vorhergehende Schubphase muss in genau dieses Teilstück münden. Beim Grobentwurf der Mission reicht es, kurze Schubphasen als Geschwindigkeitsimpulse aufzufassen. Für die Lenkung während der Schubphase genügt die Vereinfachung nicht. Vielmehr muss der Beschleunigungsvektor der Rakete so gesteuert werden, dass zum Abschaltzeitpunkt des Triebwerks („Brennschluss") genau die Keplerbahn mit den gewünschten Elementen erreicht ist (Injektion). Bei Raketen kann man die Beschleunigung nur in ihrer Richtung, nicht aber hinsichtlich ihrer Größe beeinflussen. Das würde eine i. Allg. unmögliche Variation des Massendurchsatzes erfordern.

T. Kuhn und W. Grimm, *Lenkverfahren*, https://doi.org/10.1007/978-3-662-64211-5_4

Genau das ist die Ausgangssituation für das „required velocity"-Konzept. Zu erreichen ist ein durch bestimmte Randbedingungen gekennzeichneter Orbit; Steuerung ist die Richtung des Beschleunigungsvektors. Das Lenkprinzip ist folgendes:

1. Berechnung des eindeutig bestimmten „fiktiven Orbits", der die augenblickliche Position der Rakete enthält und die gewünschten Randbedingungen erfüllt.
2. Berechnung des zu dem fiktiven Orbit gehörenden Geschwindigkeitsvektors $\vec{v}_r$ an der Position der Rakete. $\vec{v}_r$ ist die Geschwindigkeit, die die Rakete haben müsste (aber nicht hat), um dem Orbit antriebslos zu folgen. $\vec{v}_r$ ist die erforderliche Geschwindigkeit, die „required velocity".
3. Einstellung des Beschleunigungsvektors derart, dass die tatsächliche Geschwindigkeit $\vec{v}_M$ in $\vec{v}_r$ übergeht.

Brennschluss ist durch die Bedingung

$$v_r = v_M \tag{4.1}$$

gegeben. Da v_M durch den Schub monoton zunimmt, gibt es genau einen Zeitpunkt, an dem die Bedingung (4.1) erfüllt ist. Sofern die Lenkung perfekt arbeitet, sind zu diesem Zeitpunkt auch die Vektoren $\vec{v}_r$ und $\vec{v}_M$ identisch. Ansonsten kann man die Differenz der Vektoren als Einschussfehler in die angestrebte Flugbahn auffassen. Zwei Bemerkungen zu Punkt 1:

Die Randbedingungen für den Orbit müssen derart sein, dass sich jede Position auf genau einem Orbit mit den gewünschten Bedingungen wiederfindet. Das Lenkkonzept ist z. B. nicht anwendbar für einen Zielorbit, der vollständig im inertialen Raum festgelegt ist.

Betrachtet wird ein Beispiel in der Äquatorebene: Zu erreichen ist ein Orbit mit gegebener Perigäums- und Apogäumshöhe. Das Perigäumsargument ist frei. Die beiden Bedingungen definieren eine Schar von Ellipsen, wobei jede Position in der Äquatorebene mit einer Höhe zwischen Perigäum und Apogäum auf genau einer der Bahnen liegt. Die Lenkung hat den Effekt, dass der fiktive Orbit während der Schubphase verschiedene Perigäumsargumente durchläuft. Erst mit Brennschluss ist diese „Wanderung" beendet; die Rakete mündet in eine der gewünschten Ellipsen, deren Perigäumsargument a priori nicht festlegbar ist.

Der Orbit unter Punkt 1 ist von den „oskulierenden Bahnelementen" zu unterscheiden. Die oskulierenden Bahnelemente definieren den Orbit, der zur augenblicklichen Position und Geschwindigkeit der Rakete gehört im Sinne der Keplerschen Gesetze. Der fiktive Orbit unter Punkt 1 ist derart, dass er zwar die augenblickliche Position enthält, nicht aber zur augenblicklichen Geschwindigkeit passt. An die Stelle der Geschwindigkeit treten die Randbedingungen der Mission. Die Angleichung der momentanen Geschwindigkeit $\vec{v}_M$ an die erforderliche Geschwindigkeit $\vec{v}_r$ auf dem Orbit („required velocity") ist ja gerade das Ziel des Lenkkonzeptes.

Aus dem Vergleich mit den oskulierenden Elementen ergibt sich die Anzahl der möglichen Randbedingungen. In der Ebene ist $\vec{v}_M$ durch zwei Größen festgelegt. Wird der Orbit anstatt durch $\vec{v}_M$ anderweitig festgelegt, so sind – im Einklang mit obigem Beispiel – genau zwei Randbedingungen zu stellen. In drei Dimensionen sind zur Beschreibung von $\vec{v}_M$ drei Größen notwendig. Dementsprechend ist der Zielorbit im Dreidimensionalen durch drei Randbedingungen zu kennzeichnen, z. B. Apogäumshöhe, Perigäumshöhe und Inklination.

Das Lenkkonzept geht im Wesentlichen auf R.H. Battin [11] zurück. In einem mehr historischen Artikel [12] beschreibt Battin die Entwicklung des Verfahrens aus persönlicher Sicht. Martin [2] vergleicht verschiedene Lenkkonzepte hinsichtlich Treibstoffverbrauch.

4.2 Die „Required Velocity" über ruhender, flacher Erde

Zur Einführung dient ein stark vereinfachtes Beispiel über ruhender, flacher Erde bei konstanter Erdbeschleunigung und unter Vernachlässigung der Atmosphäre. Letztere Einschränkung betrifft das Lenkverfahren „Required Velocity" generell. Die Auswirkungen der Atmosphäre auf die Required-Velocity-Lenkung wird abschließend in diesem Kapitel anhand eines Simulationsbeispiels anschaulich dargestellt. Die Nutzung dieses Lenkverfahrens beschränkt sich deshalb idealerweise auf Anwendungen außerhalb der Atmosphäre, beispielsweise in der Raumfahrt. Die Bewegungsgleichungen lauten:

$$\dot{\vec{r}}_M = \vec{v}_M \tag{4.2}$$

$$\dot{\vec{v}}_M = \vec{a}_M + \vec{g} \tag{4.3}$$

Dabei steht $\vec{r}_M$ für die Position und $\vec{v}_M$ für die Geschwindigkeit der Rakete. $\vec{a}_M$ steht für den von der Rakete zum Zwecke der Lenkung erzeugten Beschleunigungsvektor und $\vec{g}$ für die Summe sämtlicher auf die Rakete einwirkenden Gravitationsbeschleunigungen.

Im Falle des Raumfluges ist die Keplerbahn ein unbeschleunigter Flug in dem Sinne, dass außer der Schwerkraft keine weiteren Kräfte wirken. Die Entsprechung über flacher Erde mit konstanter Erdbeschleunigung ist – wenn man atmosphärische Einflüsse vernachlässigt – die Wurfparabel. Sie ist Lösung der Bewegungsgleichungen für $\vec{a}_M = 0$ und hat für die Anfangswerte $\vec{r}_M = \vec{r}_0$ und $\vec{v}_M = \vec{v}_0$ die Darstellung

$$\vec{r}_M(t) = \frac{\vec{g}}{2} t^2 + \vec{v}_0 t + \vec{r}_0. \tag{4.4}$$

Der Zielorbit in der Raumfahrt entspricht über der flachen Erde mit $\vec{g} = const$ einer Wurfparabel. Wie bereits ausgeführt, ist es generell sinnvoll, die inertialen (!) Lenkkoordinaten geeignet zu wählen. In diesem Beispiel wird die Flugbahn in eine vertikale Ebene gelegt, die den Ort der Rakete ebenso einschließt wie das zu erreichende Ziel. Die zu betrachtenden Koordinaten sind damit die zurückgelegte Strecke über Grund x und die Flughöhe h. Die in (x, h)-Komponenten geschriebenen Vektoren lauten:

$$\vec{r}_M = \begin{pmatrix} x \\ h \end{pmatrix}, \ \vec{v}_M = \begin{pmatrix} v_x \\ v_h \end{pmatrix}, \ \vec{g} = \begin{pmatrix} 0 \\ -g \end{pmatrix} \tag{4.5}$$

Abb. 4.1 Raketenbahn über flacher Erde

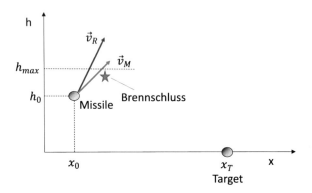

Den Überlegungen aus Abschn. 4.1 folgend wird die angestrebte Wurfparabel durch zwei Bedingungen festgelegt. Die erste Bedingung ist der Schnittpunkt mit dem Ziel, also der Aufschlag auf der flachen Erde bei $x = x_T$. Für die weitere Bedingung sollen mögliche Varianten betrachtet werden. In einer ersten Variante soll die maximale Flughöhe (Scheitelpunkt der Parabel) bei $h = h_{max}$ eingehalten werden (Abb. 4.1). Die beiden Komponenten der „required velocity" v_{xr} und v_{hr} können nunmehr berechnet werden, indem die resultierende Parabel sowohl die aktuelle Position der Rakete $\vec{r}_0 = (x_0, h_0)$ als auch die beiden Randbedingungen erfüllt. Als Ergebnis (Übungsaufgabe) erhält man

$$\vec{v}_r = \begin{pmatrix} v_{xr} \\ v_{hr} \end{pmatrix} = \begin{pmatrix} \dfrac{(x_t - x_0)\sqrt{\dfrac{g}{2}}}{\sqrt{h_{max}} + \sqrt{h_{max} - h_0}} \\ \sqrt{2g(h_{max} - h_0)} \end{pmatrix}. \tag{4.6}$$

Es ist ersichtlich, dass die „required velocity" stets eine Funktion der augenblicklichen Position $\vec{r}_0$ ist. In der zweiten Variante werden als Randbedingungen der Treffer und der Zeitpunkt des Treffers gewählt. Diese Variante entspricht der Anwendung auf eine ballistische Rakete, die außerhalb der Atmosphäre unterwegs ist und eine bestimmte Zielkoordinate auf der sich drehenden Erde treffen soll. Es wird zu diesem Zweck eine einzuhaltende t_{go} vorgegeben. Dann gilt:

$$v_{xr} = \frac{(x_T - x_0)}{t_{go}} \tag{4.7}$$

und

$$0 = -\frac{g}{2} t_{go}^2 + v_{hr} \, t_{go} + h_0. \tag{4.8}$$

Aufgrund der speziellen Randbedingungen ist die erforderliche Geschwindigkeit durch (4.7) und (4.8) eindeutig festgelegt. Der erforderliche Bahnneigungswinkel ergibt sich aus

$$\tan(\gamma_r) = \frac{v_{hr}}{v_{xr}}. \tag{4.9}$$

Schließlich wird als weitere Variante der Nebenbedingungen der Bahnneigungswinkel der Rakete zum Zeitpunkt des Brennschlusses vorgegeben. Diese Variante entspricht der technischen Lösung für das Aggregat 4 (V2) [1]. Das Aggregat 4 wurde grundsätzlich auf einen Bahnneigungswinkel von 45° umgelenkt und entlang dieser Flugrichtung der Brennschluss zur Einstellung der Reichweite kommandiert. Der Bahnneigungswinkel 45° entspricht bei flacher Erde der so genannten „minimum energy"-Bahn, d. h. das Ziel wird mit einer minimalen Brennschlussgeschwindigkeit erreicht, bzw. bei begrenztem Treibstoffvorrat bestimmt diese Bahn die maximale Reichweite der Rakete.

Es gilt in diesem Fall den Betrag der „required velocity" $\|\vec{v}_r\|$ bei vorgegebenem Bahnneigungswinkel γ zu finden. Mit

$$\vec{v}_r = \begin{pmatrix} v_{xr} \\ v_{hr} \end{pmatrix} = \begin{pmatrix} \cos\gamma \\ \sin\gamma \end{pmatrix} \|\vec{v}_r\| \tag{4.10}$$

ergibt sich für die benötigte Flugzeit

$$t_{go} = \frac{x_t - x_0}{\cos\gamma \|\vec{v}_r\|}. \tag{4.11}$$

Einsetzen von (4.10) in (4.8) führt auf

$$0 = -\frac{g}{2}t_{go}^2 + \sin\gamma \|\vec{v}_r\| t_{go} + h_0. \tag{4.12}$$

Durch Einsetzen von (4.11) in (4.12) erhält man:

$$0 = -\frac{g}{2}\frac{(x_T - x_0)^2}{\cos^2\gamma \|\vec{v}_r\|^2} + \tan\gamma \, (x_T - x_0) + h_0. \tag{4.13}$$

Der Betrag der „required velocity" ergibt sich daraus zu:

$$\|\vec{v}_r\| = \sqrt{\frac{g}{2\cos^2\gamma}\frac{(x_T - x_0)^2}{[\tan\gamma \, (x_T - x_0) + h_0]}}. \tag{4.14}$$

Für den „minimum energy" Bahnneigungswinkel von 45° ($\sin\gamma = \cos\gamma = \frac{\sqrt{2}}{2}$) vereinfacht sich diese Gleichung zu

$$\|\vec{v}_r\| = \sqrt{\frac{g\,(x_T - x_0)^2}{(x_T - x_0) + h_0}}. \tag{4.15}$$

4.3 Die „Required Velocity" über runder, rotierender Erde

Auch über runder Erde gelten die Bewegungsgleichungen (4.2) und (4.3), jedoch mit einer anderen Interpretation der Vektoren $\vec{r}_M$ und $\vec{g}$ (Tab. 4.1). Dabei bezeichnet $\mu = 3{,}9869 \cdot 10^{14}\,\text{m}^3/\text{s}^2$ die Gravitationskonstante der Erde. Diese ergibt sich aus dem Pro-

Tab. 4.1 Entsprechungen über runder Erde und flacher Erde

	Flache Erde	**Runde Erde**
$\vec{r}_M$	$\begin{pmatrix} x \\ h \end{pmatrix}$	Ortsvektor vom Erdmittelpunkt
$\vec{v}_M$	Relativgeschwindigkeit gegenüber einem erdfesten Beobachter	Inertialgeschwindigkeit gegenüber Erdmittelpunkt
$\vec{g}$	$\begin{pmatrix} 0 \\ -g \end{pmatrix}$	$-\dfrac{\mu \cdot \vec{r}_M}{r_M^3}$
Unbeschleunigte Flugbahn	Wurfparabel	Keplerbahn

dukt aus $G = 6,6742 \cdot 10^{-11}\,\mathrm{m}^3/\mathrm{kgs}^2$, der allgemeinen Gravitationskonstante, und $m_E = 5,9736 \cdot 10^{24}\,\mathrm{kg}$, der Masse der Erde. Man beachte die unterschiedlichen Geschwindigkeitsbegriffe über ruhender, flacher Erde einerseits und runder, rotierender Erde andererseits. Über runder, rotierender Erde steht $\vec{v}_M$ für die Inertialgeschwindigkeit, über ruhender, flacher Erde ist es die Relativgeschwindigkeit aus der Sicht eines erdfesten Beobachters.

Wie bereits im Abschn. 4.2 wird der Flug in einer geeignet gewählten Bahnebene betrachtet. Der Einfachheit halber soll sich alles in der Äquatorebene abspielen. Das Beispiel wird anhand von Abb. 4.2 illustriert. Es ist das Bild, das sich beim Blick von der Nordhalbkugel auf die Äquatorebene einstellt. So gesehen fliegt die Rakete permanent Richtung Osten. Wir beschreiben die erforderliche Geschwindigkeit im so genannten geodätischen System (Index g). Es ist das Relativsystem, dessen y-Achse nach Osten und dessen z-Achse zum Erdmittelpunkt gerichtet ist, also entgegengesetzt zum Ortsvektor. Die geodätische x-Achse zeigt nach Norden, also aus der Anschauungsebene heraus zum Betrachter hin. Die geodätische (x,y)-Ebene stellt die lokale Horizontalebene an die Erdkugel dar, weswegen das geodätische System im Weiteren auch als lokales Horizontalsystem bezeichnet wird. In Abb. 4.2 bezeichnen Θ die wahre Anomalie, a die große Halbachse, e die Exzentrizität, γ den Bahnneigungswinkel im lokalen Horizontalsystem und $p = a(1 - e^2)$ die Ordinate im Bennpunkt. Der Zielorbit soll durch die Perigäumshöhe $r_{min} = a(1 - e)$ und die Apogäumshöhe $r_{max} = a(1 + e)$ festgelegt werden. Die erforderliche Geschwindigkeit zum Erreichen des so definierten Orbits lässt sich aus den Gesetzmäßigkeiten der Himmelsmechanik bestimmen. Zunächst gilt für die unbeschleunigte Flugbahn:

$$\dot{\vec{v}}_M = -\frac{\mu}{r_M^3}\vec{r}_M \tag{4.16}$$

Für das masselose Winkelmoment h der betrachteten Bahn gilt entsprechend dem zweiten Keplerschen Gesetz:

$$h = r^2 \dot{\Theta} = \sqrt{\mu \cdot p} = \text{const} \tag{4.17}$$

Der Betrag der „required velocity" ergibt sich aus der Vis-Viva-Gleichung:

$$v_r^2 = \mu \left(\frac{2}{r} - \frac{1}{a} \right) \tag{4.18}$$

$r = \|\vec{r}_M\|$ bezeichnet den augenblicklichen Abstand der Rakete zum Erdmittelpunkt. Damit sind die oben aufgestellten Bedingungen 1 und 2 berücksichtigt: Der fiktive Orbit enthält die augenblickliche Position, und die erforderliche Geschwindigkeit setzt genau dort an.

Aus Abb. 4.2 entnimmt man die geodätischen Komponenten der erforderlichen Geschwindigkeit, genauer gesagt, die y- und z-Komponente:

$$\vec{v}_{gr} = \begin{pmatrix} v_r \cos \gamma_r \\ -v_r \sin \gamma_r \end{pmatrix} \tag{4.19}$$

Der Erstindex g steht für das lokale geodätische System am Ort des Raumfahrzeugs. Dabei bezeichnet v_r den Betrag der erforderlichen Geschwindigkeit und γ_r den erforderlichen Bahnneigungswinkel.

Aus dem zweiten Keplerschen Gesetz (4.17) und $\dot{\Theta} = \dfrac{v_r \cdot \cos \gamma}{r}$ folgt:

$$v_r \cdot \cos \gamma_r = \frac{h}{r}. \tag{4.20}$$

Das masselose Winkelmoment h wiederum hängt gemäß (4.17) mit der Ordinate p im Brennpunkt zusammen. p lässt sich in folgender Weise aus dem gegebenen Perigäums- und Apogäumsabstand berechnen:

$$p = a \left(1 - e^2 \right) = 2 \frac{r_{min} \cdot r_{max}}{r_{min} + r_{max}}. \tag{4.21}$$

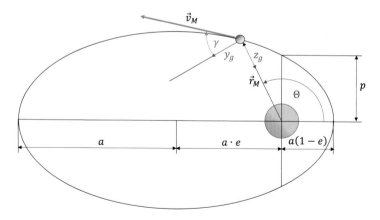

Abb. 4.2 Elliptischer Orbit

Somit steht die geodätische y-Komponente der erforderlichen Geschwindigkeit (4.19) fest. Der aktuelle Abstand zum Gravitationszentrum ist gegeben durch

$$r = \frac{p}{1 + e \cos \Theta}.$$ (4.22)

Hier soll eine Aufstiegsbahn berechnet werden, d.h. die Rakete bzw. das Raumfahrzeug bewegt sich vom Perigäum auf das Apogäum zu. Das impliziert eine positive Bahnneigung und damit einen stets positiven erforderlichen Bahnneigungswinkel $\gamma_r > 0$. Aus Kenntnis des feststehenden positiven Vorzeichens folgt:

$$\sin \gamma_r = \sqrt{1 - \cos^2 \gamma_r}$$ (4.23)

Setzt man jetzt (4.23) in (4.19) ein, so erhält man:

$$\vec{v}_{gr} = \begin{pmatrix} v_r \cos \gamma_r \\ -v_r \sqrt{1 - \cos^2 \gamma_r} \end{pmatrix}.$$ (4.24)

Ersetzt man jetzt entsprechend den Gleichungen (4.20) und (4.18), so lautet die Gleichung für die erforderliche Geschwindigkeit

$$\vec{v}_{gr} = \begin{pmatrix} \dfrac{h}{r} \\ -\sqrt{\mu \left(\dfrac{2}{r} - \dfrac{1}{a} \right) - \left(\dfrac{h}{r} \right)^2} \end{pmatrix}.$$ (4.25)

Wieder liegt die „required velocity" als Funktion der aktuellen Position vor. Setzt man jetzt für h (4.17) ein und für p (4.21), so erhält man:

$$\vec{v}_{gr} = \begin{pmatrix} \dfrac{h}{r} \\ -\sqrt{\mu \left(\dfrac{2}{r} - \dfrac{1}{a} \right) - \left(\dfrac{\sqrt{\mu \cdot 2 \dfrac{r_{min} \cdot r_{max}}{r_{min} + r_{max}}}}{r} \right)^2} \end{pmatrix}$$ (4.26)

Durch Quadrieren und Ausmultiplizieren entsteht der folgende Ausdruck.

$$\vec{v}_{gr} = \begin{pmatrix} \dfrac{h}{r} \\ -\sqrt{\dfrac{\mu}{a \cdot r^2} \left(2ar - r^2 - 2a \dfrac{r_{min} \cdot r_{max}}{r_{min} + r_{max}} \right)} \end{pmatrix}$$ (4.27)

In Kenntnis, dass $r_{min} + r_{max} = 2a$ ist, vereinfacht sich die Gleichung zu

$$\vec{v}_{gr} = \begin{pmatrix} \dfrac{\dfrac{h}{r}}{-\sqrt{\dfrac{\mu}{a \cdot r^2} \left((r_{min} + r_{max}) r - r^2 - r_{min} \cdot r_{max} \right)}} \end{pmatrix}. \qquad (4.28)$$

Durch geeignete Umformung des Ausdrucks in der Klammer unter der Wurzel folgt:

$$\vec{v}_{gr} = \begin{pmatrix} \dfrac{\dfrac{h}{r}}{-\sqrt{\dfrac{\mu}{a \cdot r^2} (r - r_{min}) \cdot (r_{max} - r)}} \end{pmatrix} \qquad (4.29)$$

Nur unter der Voraussetzung $r_{min} \leq r \leq r_{max}$ ist der Radikand nichtnegativ. Das bedeutet, die augenblickliche Höhe muss zwischen der Perigäumshöhe r_{min} und der Apogäumshöhe r_{max} liegen. Das war vom Lenkkonzept her von vornherein klar. Der fiktive Orbit soll die augenblickliche Position der Rakete enthalten, das ist nur für $r_{min} \leq r \leq r_{max}$ möglich.

4.4   Lenkung einer ballistischen Rakete: Lambert-Guidance

Dieses Lenkverfahren eignet sich, wie bereits ausgeführt, nur für Flugkörper, deren Mission außerhalb der Atmosphäre abläuft. Dabei ist wichtig zu beachten, dass in einem geeignet gewählten inertialen Koordinatensystem, in diesem Falle ergibt sich dazu zwingend das ECI (Earth Centered Inertial), gelenkt wird, d. h. es wird auf einen inertial feststehenden Raumpunkt gelenkt. Ein Punkt auf der Erdoberfläche kann aufgrund der Erdrotation nur getroffen werden, wenn die Flugzeit dorthin feststeht und der entsprechende inertiale Raumpunkt vorab berechnet werden kann. Die eigentliche Required-Velocity-Lenkung berechnet aus den Ortsvektoren der Rakete und des Zieles im ECI sowie der vorgegebenen Flugzeit den benötigten Geschwindigkeitsvektor im ECI. Diese spezielle Variante der Required-Velocity-Lenkung heißt auch Lambert-Guidance, benannt nach dem Mathematiker Johann Heinrich Lambert (1728–1777). Eine analytische Lösung für die benötigte Geschwindigkeit kann hergeleitet werden, wenn im ECI-System Polarkoordinaten eingeführt werden. Die ballistische Rakete bewegt sich dann unter dem Schwerkrafteinfluss in einer Ebene vom Startpunkt mit dem Ortsvektor $\vec{R}_M$ des Flugkörpers zum Zielpunkt mit dem Ortsvektor $\vec{R}_T$. In jedem Lenkzyklus, d. h. bei jeder Auswertung des Lenkgesetzes, wird der Ortsvektor in die Lenkebene transformiert. Dafür wird als Erstes der Längengrad des Flugkörpers berechnet.

$$\lambda = \arctan_2(R_M^y, R_M^x) \qquad (4.30)$$

Man beachte, dass sich λ auf das ECI-System bezieht, es ist nicht die landläufige geografische Länge im erdfesten System. Um diesen Winkel wird der Ortsvektor des Flugkörpers gedreht, so dass dessen y-Komponente zu Null wird.

$$\vec{R}_M^{(1)} = T_3(\lambda)\,\vec{R}_M \tag{4.31}$$

Auch der Ortsvektor des Ziels wird um diesen Winkel gedreht.

$$\vec{R}_T^{(1)} = T_3(\lambda)\,\vec{R}_T \tag{4.32}$$

Als nächstes wird der geozentrische Breitengrad des Flugkörpers berechnet.

$$\varphi_c = \arctan \frac{R_M^Z}{\sqrt{\left(R_M^x\right)^2 + \left(R_M^y\right)^2}} \tag{4.33}$$

Mit diesem Winkel werden wiederum die bereits transformierten Ortsvektoren von Flugkörper und Ziel gedreht, so dass auch die z-Komponente des Ortsvektors des Flugkörpers zu null wird.

$$\vec{R}_M^{(2)} = T_2(-\varphi_c)\,\vec{R}_M^{(1)} \tag{4.34}$$

$$\vec{R}_T^{(2)} = T_2(-\varphi_c)\,\vec{R}_T^{(1)} \tag{4.35}$$

Schließlich wird noch eine dritte Drehung ausgeführt, nach welcher die z-Komponente der Zielkoordinate zu null wird. Der dazu benötigte Drehwinkel wird aus der transformierten Zielkoordinate berechnet.

$$\psi = \arctan_2 \left(R_T^{(2)z},\, R_T^{(2)y}\right) \tag{4.36}$$

$$\vec{R}_M^{(3)} = T_1(\psi)\,\vec{R}_M^{(2)} \tag{4.37}$$

$$\vec{R}_T^{(3)} = T_1(\psi)\,\vec{R}_T^{(2)} \tag{4.38}$$

Nach diesen Drehungen hat der Ortsvektor des Flugkörpers nur noch eine x-Komponente ungleich null (Abstand zum Mittelpunkt der Erde) und der Ortsvektor des Zieles nur noch die x- und die y-Komponente ungleich null. Zur Vereinfachung der nachfolgenden Darstellung in dieser Lenkebene wird der Anfangsradius des Flugkörpers zum Erdmittelpunkt mit

$$r_M = R_M^{(3)x} \tag{4.39}$$

verwendet. Für die Zielkoordinaten in der Lenkebene gilt:

$$x_T = R_T^{(3)x} \tag{4.40}$$

$$y_T = R_T^{(3)y} \tag{4.41}$$

Der Flugkörper hat in dieser Lenkebene den Polarwinkel null und für den Polarwinkel des Ziels gilt:

Abb. 4.3 Geometrie der Lenkebene

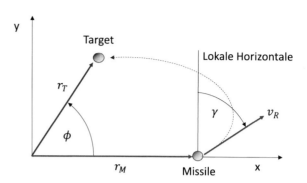

$$\Phi = \arctan_2(y_T, x_T) \tag{4.42}$$

Dieser Polarwinkel des Ziels bildet zugleich den „Range Angle", also den während der Mission zurückzulegenden Winkel. Der finale Radius zum Erdmittelpunkt ergibt sich zu:

$$r_T = \sqrt{x_T^2 + y_T^2} \tag{4.43}$$

In dieser Lenkebene wird die iterative Berechnung der erforderlichen Geschwindigkeit durchgeführt. Zunächst wird nach einer Keplerbahn gesucht, die beide Orte, den der Rakete und den des Ziels, enthält. Die wahre Anomalie wird dabei als unbekannter Parameter angesetzt. Dann gilt für den Ort der Rakete (Abb. 4.3)

$$r_M = \frac{p}{1 + e \cos \Theta} \tag{4.44}$$

und für den Ort des Ziels

$$r_T = \frac{p}{1 + e \cos(\Theta + \Phi)}. \tag{4.45}$$

Setzt man diese beiden Radien ins Verhältnis, so erhält man:

$$\frac{r_M}{r_T} = \frac{1 + e \cos(\Theta + \Phi)}{1 + e \cos \Theta}. \tag{4.46}$$

Die Winkelsumme wird nach dem Additionstheorem aufgelöst, so dass nunmehr gilt:

$$\frac{r_M}{r_T} = \frac{1 + e(\cos \Theta \cos \Phi - \sin \Theta \sin \Phi)}{1 + e \cos \Theta}. \tag{4.47}$$

Über den zwangsweisen Zusammenhang zwischen der wahren Anomalie Θ und dem Bahnneigungswinkel γ ist aus [11][1] Folgendes bekannt:

---

[1] Battin führt die Berechnung für den zum Bahnneigungswinkel (flight path angle) komplementären Flugrichtungswinkel (flight direction angle) aus.

$$e \cdot \sin \Theta = \frac{hv}{\mu} \sin \gamma$$

$$e \cdot \cos \Theta = \frac{hv}{\mu} \cos \gamma - 1$$

(4.48)

Durch Einsetzen dieser Terme ergibt sich

$$\frac{r_M}{r_T} = \frac{1 - \cos \Phi + \frac{hv}{\mu}(\cos \gamma \cos \Phi - \sin \gamma \sin \Phi)}{\frac{hv}{\mu} \cos \gamma}.$$

(4.49)

Unter erneuter Anwendung des Additionstheorems bleibt nach Umstellen

$$\frac{hv}{\mu} \left(\frac{r_M}{r_T} \cos \gamma - \cos(\Phi + \gamma) \right) = 1 - \cos \Phi$$

(4.50)

stehen. Setzt man unter Verwendung von Gl. (4.20) für $h = v \cdot r_M \cdot \cos \gamma$ und Gleichsetzung von $v_r = v$ ein, so erhält man

$$\frac{v_r^2 r_M \cos \gamma}{\mu} \left(\frac{r_M}{r_T} \cos \gamma - \cos(\Phi + \gamma) \right) = 1 - \cos \Phi.$$

(4.51)

Für die benötigte Geschwindigkeit ergibt sich bei vorgegebenem Bahnneigungswinkel γ

$$v_r = \sqrt{\frac{\mu(1 - \cos \Phi)}{r_M \cos \gamma \left(\frac{r_M}{r_T} \cos \gamma - \cos(\Phi + \gamma) \right)}}.$$

(4.52)

Über den Bahnwinkel γ kann die die Höhe der Bahn beeinflusst werden, d. h. ob eine überhöhte oder eine flachere Bahn geflogen wird. Damit gibt es theoretisch auch eine sogenannte energieoptimale Bahn, mit der unter einem bestimmten γ mit der kleinsten möglichen Geschwindigkeit der Zielort getroffen werden kann. Der kleinste bzw. größte mögliche Bahnwinkel beträgt:

$$\gamma_{min/max} = \arctan \frac{\sin \Phi \pm \sqrt{\frac{2r_M(1 - \cos \Phi)}{r_T}}}{1 - \cos \Phi}$$

(4.53)

Im Weiteren wird die erforderliche Bahnneigung γ iterativ so bestimmt, dass die Flugzeit t_f zum Ziel einen gegebenen Wert annimmt. Als Startwert für die Iteration verwendet man den Mittelwert aus Minimum und Maximum. Ein wichtiger Parameter ist die sich aus der erforderlichen Geschwindigkeit ergebende Trajektorienform.

$$\Lambda = \frac{r_M v_r^2}{\mu} \tag{4.54}$$

Hierbei bedeutet $\Lambda < 1$ den in dieser Anwendung gewünschten Fall einer Rückkehr des Flugkörpers zur Erde. Für $\Lambda = 1$ würde der Flugkörper auf einen kreisrunden Orbit gelangen. Für $1 < \Lambda < 2$ würde der Flugkörper einen elliptischen Orbit einnehmen und für $\Lambda \geq 2$ das Schwerefeld der Erde verlassen.

Die erforderliche Flugzeit wird über eine recht komplexe Formel, berechnet, deren Herleitung in den Abschn. 4.6 ausgelagert ist.

$$t_f = r_M \frac{\dfrac{\tan\gamma(1-\cos\Phi) + (1-\Lambda)\sin\Phi}{(2-\Lambda)\left(\dfrac{(1-\cos\Phi)}{\Lambda\cos^2\gamma} + \dfrac{\cos(\gamma+\Phi)}{\cos\gamma}\right)} + \Gamma}{v_r\cos\gamma} \tag{4.55}$$

$$\Gamma = \frac{2\cos\gamma}{\Lambda\left(\dfrac{2}{\Lambda}-1\right)^{1,5}}\arctan\frac{\sqrt{\dfrac{2}{\Lambda}-1}}{\dfrac{\cos\gamma}{\tan\dfrac{\Phi}{2}} - \sin\gamma} \tag{4.56}$$

Für einen gegebenen Wert γ ist v_r gemäß Gl. (4.52) und Λ gemäß Gl. (4.54) auszuwerten. Die Bahnneigung γ ist daher die einzige Unbekannte in Gl. (4.55). Die Flugzeit muss einer Vorgabe t_f^* entsprechen, da sonst nicht der gewünschte Ort auf der Erdoberfläche erreicht wird. Dazu wird die Bestimmungsgleichung $t_f = t_f^*$ iterativ nach γ gelöst, z. B. mit dem Sekantenverfahren.

Für positive Polarwinkel wird eine Bahn gegen den Uhrzeigersinn gewählt und es gilt

$$\vec{V}_R^{(3)} = v_r \begin{pmatrix} \cos\left(\frac{\pi}{2}-\gamma+\Phi\right) \\ \sin\left(\frac{\pi}{2}-\gamma+\Phi\right) \\ 0 \end{pmatrix}. \tag{4.57}$$

Für negative Polarwinkel wird in Uhrzeigerrichtung geflogen:

$$\vec{V}_R^{(3)} = v_r \begin{pmatrix} \cos\left(\frac{\pi}{2}+\gamma+\Phi\right) \\ \sin\left(\frac{\pi}{2}+\gamma+\Phi\right) \\ 0 \end{pmatrix} \tag{4.58}$$

Dieser Geschwindigkeitsvektor wird durch Umkehrung der eingangs beschriebenen Rotationen in das ECI-Koordinatensystem zurücktransformiert.

$$\vec{V}_R^{(2)} = T_1(-\psi)\vec{V}_R^{(3)} \tag{4.59}$$

$$\vec{V}_R^{(1)} = T_2(\varphi_c)\vec{V}_R^{(2)} \tag{4.60}$$

$$\vec{V}_R^{(ECI)} = T_3(-\lambda)\vec{V}_R^{(1)} \tag{4.61}$$

Die Lenkung erfolgt, indem der Flugkörper in Richtung des erforderlichen Geschwindigkeitsvektors gedreht wird und solange beschleunigt wird, bis die erforderliche Geschwindigkeit dem Betrag nach erreicht wird. Danach wird der Schub abgeschaltet und der Flugkörper
befindet sich auf einer Trajektorie, die ballistisch zur gewünschten Zeit am gewünschten
Zielort endet. Dabei kann das Lenkgesetz in zwei verschiedenen Taktraten ausgeführt werden, wobei die oben ausgeführten, aufwändigeren Berechnungen bzw. Transformationen
mit einer deutlich langsameren Taktrate ausgeführt werden als die Überwachung der Fluggeschwindigkeit bzw. die Brennschlusskommandierung.

4.5   Simulationsbeispiel

Zur Veranschaulichung der Required-Velocity-Lenkung wird ein Simulationsbeispiel mit
einer ballistischen Kurzstreckenrakete gerechnet. Diese soll von Überlingen am Bodensee
($47,76°$ nördlicher Breite, $9,19°$ östlicher Länge, 450 m ü. M.) nach Berlin ($52,50°$ nördlicher Breite, $13,40°$ östlicher Länge, 45 m ü. M.) fliegen. Dies ist eine Strecke von 683,0 km.
Der Flug wird zum größten Teil außerhalb der Atmosphäre stattfinden. Damit sich das Ziel
am Ende der Mission trotz Erdrotation am gewünschten geodätischen Ort befindet, muss
die Missionszeit vorgegeben und von der Lenkung eingehalten werden. Diese wurde mit
450,0 s festgelegt. Dabei ist zu beachten, dass sich die 450,0 s auf den gesamten Flug vom
Start bis zum Ziel beziehen. In einem einzelnen Lenkzyklus beträgt die Zeitvorgabe daher
450,0 s abzüglich der bis dahin verstrichenen Flugzeit. Die Lenkung wird wie beschrieben
im ECI-Koordinatensystem berechnet.

Der Flugkörper ist eigentlich eine senkrecht startende ballistische Rakete mit einer
Gesamtmasse von 6,5 t. Davon entfallen auf den Treibstoff allein 5 t. Der Treibstoff bzw.
das Triebwerk hat einen spezifischen Impuls von 2500 N s/kg. Die Rakete hat eine Länge
von 12 m und einen Durchmesser von 0,85 m. Entsprechend wird die Massenträgheit über
einen Vollzylinder angenähert.

Die Abweichung der Flugkörpergeschwindigkeit von der Required Velocity (=Delta
Velocity) wird bis zum kommandierten Brennschluss, der durch Gl. (4.1) definiert ist, aktualisiert. Das Ergebnis in ECI-Koordinaten ist in Abb. 4.4 dargestellt. Zur eigentlichen Lenkung
wird dieser Geschwindigkeitsvektor in körperfeste Koordinaten transformiert. Die Lenkung
selbst beginnt erst nach einer initialen unbeschleunigten Phase von 4 s. Entsprechend ergibt
sich der in Abb. 4.5 dargestellte Verlauf für die Delta Velocity in körperfesten Koordinaten. Sehr schön ist zu erkennen, dass in der Zero-G Phase durch den Senkrechtstart in den
ersten vier Flugsekunden nur die inertiale x-Komponente abgebaut wird. Mit Beginn der
Umlenkung werden dann sehr schnell die y- und die z-Komponente abgebaut, d. h. die
Rakete schwenkt in Richtung des erforderlichen Geschwindigkeitsvektors und beschleunigt
nur noch entlang dieser Richtung. Sobald die erforderliche Geschwindigkeit erreicht ist, in
diesem Fall nach 77 s, wird das Triebwerk abgeschaltet. Ab diesem Zeitpunkt findet der
Rest der Mission nur noch rein ballistisch statt. Die Trajektorie über Grund ist in Abb. 4.6

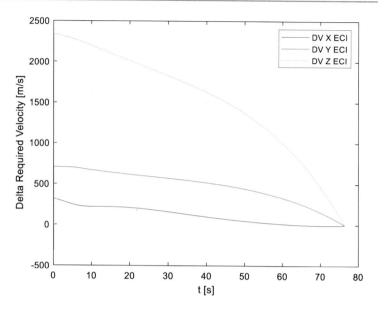

Abb. 4.4 Delta Velocity in ECI

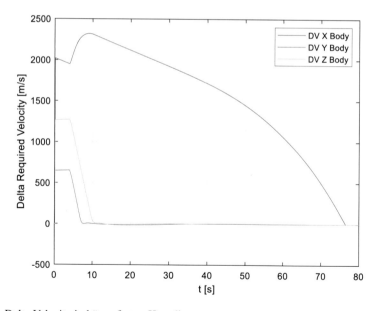

Abb. 4.5 Delta Velocity in körperfesten Koordinaten

dargestellt. Abb. 4.7 zeigt den Verlauf der Höhe über der Flugzeit. Die Rakete erreicht eine Apogäumshöhe von fast 180 km. Es fällt auf, dass die Rakete ihr Ziel in der Reichweite nicht ganz erreicht und die geforderte Flugzeit um fast 30 s überschreitet. Das verursachende Problem ist deutlich im Geschwindigkeitsverlauf in Abb. 4.8 zu erkennen. Die Rakete erreicht eine Brennschlussgeschwindigkeit von ca. 2200 m/s. Im Apogäum bei $t = 250$ s nimmt die Geschwindigkeit ein Minimum mit ca. 1500 m/s an. Danach erhöht sich die Geschwindigkeit wieder. Der Brennschluss wird in einer Flughöhe von ca. 40 km kommandiert. Die aerodynamische Abbremsung der Restatmosphäre hat dann noch einen gewissen Einfluss auf den Trefffehler. Viel gravierender wirkt sich jedoch der Wiedereintritt ab der 410. Flugsekunde aus. Die Rakete wird extrem abgebremst, ist dadurch deutlich länger unterwegs und fällt steiler auf die Erde zurück als das von der Lambert-Guidance vorgesehen war. Interessant ist auch die Betrachtung des Staudrucks in Abb. 4.9. In der Schubphase erreicht der Staudruck mit ca. 90 kPa sein Maximum nach ca. 40 Flugsekunden. Bei Brennschluss beträgt der Staudruck nur noch 6 kPa. Ab der Flugsekunde 100 befindet sich die Rakete praktisch im luftleeren Raum. Ab Flugsekunde 410 beginnt der Wiedereintritt, wobei mit 105 kPa in 9 km Höhe ein Maximum des Staudrucks erreicht wird.

Dieses Beispiel zeigt, dass die Required-Velocity-Lenkung nur außerhalb der Atmosphäre präzise funktioniert. Die Anwendung für ballistische Raketen, insbesondere für die Kurzstrecke, erfordert Anpassungen bzw. Ergänzungen zur Kompensation der atmosphärischen Einflüsse auf die Flugbahn. Der Vollständigkeit halber wurde das Beispiel nochmal ohne Atmosphäre berechnet. Der Treffer ist jetzt sehr präzise und das Ziel wird exakt zur geplanten Zeit erreicht (Abb. 4.10 und 4.11).

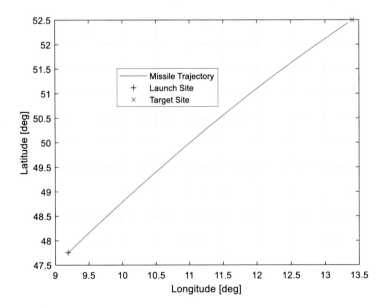

Abb. 4.6 Trajektorie über Grund

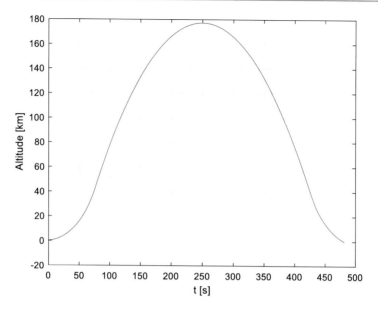

Abb. 4.7 Höhenverlauf der Trajektorie

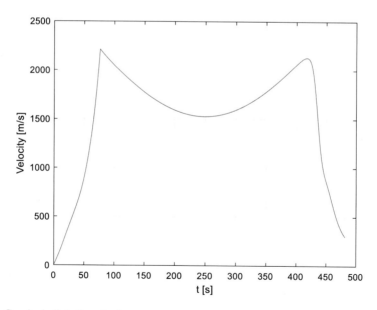

Abb. 4.8 Geschwindigkeitsverlauf

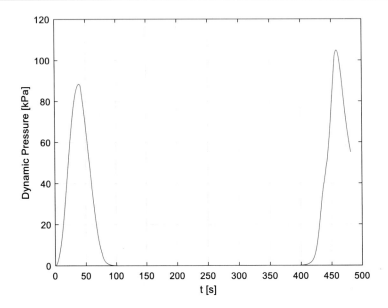

Abb. 4.9 Verlauf des Staudrucks

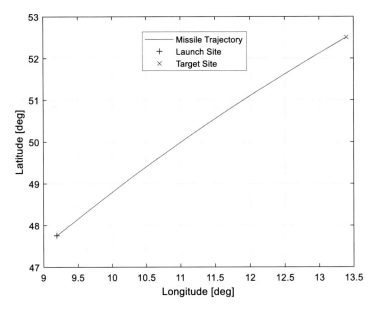

Abb. 4.10 Trajektorie über Grund ohne Atmosphäre

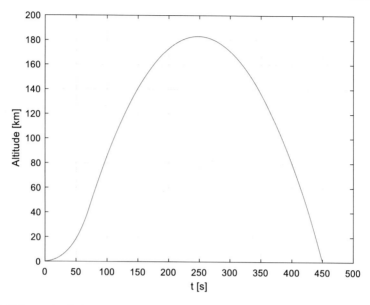

Abb. 4.11 Höhenverlauf ohne Atmosphäre

4.6   Flugzeit der ballistischen Rakete

Der Inhalt dieses Abschnitts ist die Herleitung der Gl. (4.55), (4.56) für die Flugzeit der ballistischen Rakete. Wie in Abb. 4.3 dargestellt, gibt es einen eindeutig bestimmten Orbit in der Lenkebene, der die Positionen des Flugkörpers und des Ziels enthält. Gesucht ist die Flugzeit entlang des Keplerbahnstücks, das die beiden Positionen verbindet. Ausgangspunkt ist das zweite Keplersche Gesetz (4.17) geschrieben in der Form

$$\frac{dt}{d\Theta} = \frac{r^2}{h}. \tag{4.62}$$

Θ ist die wahre Anomalie des Flugkörpers, $\Theta + \Phi$ die des Ziels mit dem „Range Angle" Φ, der gemäß (4.42) bekannt ist. Nach (4.62) erhält man die Flugzeit durch Integration über das Intervall $\Theta \leq \theta \leq \Theta + \Phi$:

$$t_f = \int_{\Theta}^{\Theta+\Phi} \frac{r^2}{h}\, d\theta = \frac{p^2}{h} \cdot \int_{\Theta}^{\Theta+\Phi} \frac{d\theta}{(1 + e \cdot \cos\theta)^2} \tag{4.63}$$

Im bekannten „Taschenbuch der Mathematik" von Bronstein und Semendjajew [3] findet man eine Stammfunktion für den Integranden, so dass sich für die Flugzeit folgendes vorläufiges Ergebnis einstellt:

$$t_f = \frac{p^2}{h \cdot (1 - e^2)} \cdot \left[\frac{e \cdot \sin \Theta}{1 + e \cdot \cos \Theta} - \frac{e \cdot \sin(\Theta + \Phi)}{1 + e \cdot \cos(\Theta + \Phi)} \right] +$$

$$\frac{2 \cdot p^2}{h \cdot (1 - e^2)^{3/2}} \cdot \left[\arctan \frac{(1 - e) \cdot \tan \dfrac{\Theta + \Phi}{2}}{\sqrt{1 - e^2}} - \arctan \frac{(1 - e) \cdot \tan \dfrac{\Theta}{2}}{\sqrt{1 - e^2}} \right] \qquad (4.64)$$

Das Ergebnis ist vorläufig, da die Bahnparameter p, h, e des Orbits zunächst nicht bekannt sind. Wir verschaffen uns daher eine Übersicht über die bisher bekannten Größen. Bekannt sind die Positionen des Flugkörpers und des Ziels, damit insbesondere die Abstände r_M, r_T und der „Range Angle" Φ (Gl. (4.39), (4.42), (4.43)). Außerdem soll ein Schätzwert γ für den gesuchten, erforderlichen Bahnneigungswinkel vorliegen. Aus (4.52) ergibt sich die erforderliche Geschwindigkeit v_r und aus (4.54) der dimensionslose Parameter Λ. Zusammengefasst sind folgende Größen gegeben:

$$r_T, \ r_M, \ \Phi, \ \gamma, \ v_r, \ \Lambda \qquad (4.65)$$

Selbst die wahre Anomalie Θ des Flugkörpers ist zunächst unbekannt, sie muss mithilfe der Gleichungen (4.48) durch die Bahnneigung ersetzt werden. Der Rest der Herleitung besteht also darin, das Ergebnis (4.64)

- auf die bekannten Daten (4.65) zurückzuführen und
- durch geeignete Umformungen die Darstellung (4.55) und (4.56) zu erreichen.

Der erste Ansatzpunkt zur Rückführung auf die Daten (4.65) ist das zweite Keplersche Gesetz, geschrieben in der Form (4.20):

$$\frac{h \cdot v_r}{\mu} = r_M \cdot \frac{h}{r_M} \cdot \frac{v_r}{\mu} = r_M \cdot v_r \cdot \cos \gamma \cdot \frac{v_r}{\mu} = \frac{r_M \cdot v_r^2}{\mu} \cdot \cos \gamma = \Lambda \cdot \cos \gamma \qquad (4.66)$$

Eingesetzt in (4.48) ergibt sich weiterer, demnächst häufig benützter Zusammenhang:

$$1 + e \cdot \cos \Theta = \frac{h \cdot v_r}{\mu} \cdot \cos \gamma = \Lambda \cdot (\cos \gamma)^2 \qquad (4.67)$$

Der zweite Ansatzpunkt zur Rückführung auf die Daten (4.65) ist die Vis-Viva-Gleichung (4.18) in folgender Darstellung:

$$\Lambda = \frac{r_M \cdot v_r^2}{\mu} = 2 - \frac{r_M}{a} = 2 - \frac{p}{a} \cdot \frac{1}{1 + e \cdot \cos \Theta} \qquad (4.68)$$

Ersetzen wir die Ordinate p am Brennpunkt durch (4.21), ergibt sich

$$\frac{1 - e^2}{1 + e \cdot \cos \Theta} = 2 - \Lambda \tag{4.69}$$

Durch Multiplikation der Gl. (4.67) und (4.69) erhält man eine Gleichung, aus der man unmittelbar mit den vorhandenen Daten (4.65) die Exzentrizität berechnen kann:

$$1 - e^2 = (2 - \Lambda) \cdot \Lambda \cdot (\cos \gamma)^2 \tag{4.70}$$

Das zweite Keplersche Gesetz (4.20) und die Gl. (4.67), (4.69) machen es möglich, die Vorfaktoren in der Flugzeit (4.64) auf die bekannten Größen (4.65) zurückzuführen:

$$\begin{aligned}
\frac{p^2}{h \cdot (1 - e^2)} &= r_M \cdot \frac{r_M}{h} \cdot \left(\frac{p}{r_M}\right)^2 \cdot \frac{1}{1 - e^2} \\
&= \frac{r_M}{v_r \cdot \cos \gamma} \cdot (1 + e \cdot \cos \Theta) \cdot \frac{1 + e \cdot \cos \Theta}{1 - e^2} \\
&= \frac{r_M}{v_r \cdot \cos \gamma} \cdot \Lambda \cdot (\cos \gamma)^2 \cdot \frac{1}{2 - \Lambda}
\end{aligned} \tag{4.71}$$

Eine ähnliche Rechnung liefert

$$\frac{2 \cdot p^2}{h \cdot (1 - e^2)^{3/2}} = \frac{r_M}{v_r \cdot \cos \gamma} \cdot \frac{2 \cdot \cos \gamma}{\Lambda \cdot \left(\dfrac{2}{\Lambda} - 1\right)^{3/2}}. \tag{4.72}$$

Als Vorbereitung für das weitere Vorgehen schreiben wir Gl. (4.49) um mithilfe von Gl. (4.66):

$$\frac{r_M}{r_T} = \frac{1 - \cos \Phi + \Lambda \cdot \cos \gamma \cdot \cos(\gamma + \Phi)}{\Lambda \cdot (\cos \gamma)^2} \tag{4.73}$$

Nun bearbeiten wir einzelne Terme in der **ersten Zeile** von (4.64). In der folgenden Rechnung wenden wir außer dem Additionstheorem die Gl. (4.48) und (4.66) an.

$$\begin{aligned}
e \cdot \sin(\Theta + \Phi) &= e \cdot [\sin \Theta \cdot \cos \Phi + \cos \Theta \cdot \sin \Phi] \\
&= \frac{h \cdot v_r}{\mu} \cdot \left[\sin \gamma \cdot \cos \Phi + \cos \gamma \cdot \sin \Phi\right] - \sin \Phi \\
&= \frac{h \cdot v_r}{\mu} \cdot \sin(\gamma + \Phi) - \sin \Phi \\
&= \Lambda \cdot \cos \gamma \cdot \sin(\gamma + \Phi) - \sin \Phi
\end{aligned} \tag{4.74}$$

Nach (4.46), (4.67) und (4.73) ist

$$1 + e \cdot \cos(\Theta + \Phi) = \frac{r_M}{r_T} \cdot (1 + e \cdot \cos \Theta)$$

$$= \frac{r_M}{r_T} \cdot \Lambda \cdot (\cos \gamma)^2 \qquad (4.75)$$

$$= 1 - \cos \Phi + \Lambda \cdot \cos \gamma \cdot \cos(\gamma + \Phi)$$

Die folgende Rechnung beruht auf den Gln. (4.48), (4.74) und (4.75) und wieder auf dem Additionstheorem.

$$\frac{e \cdot \sin \Theta}{1 + e \cdot \cos \Theta} - \frac{e \cdot \sin(\Theta + \Phi)}{1 + e \cdot \cos(\Theta + \Phi)}$$

$$= \tan \gamma - \frac{\Lambda \cdot \cos \gamma \cdot \sin(\gamma + \Phi) - \sin \Phi}{1 - \cos \Phi + \Lambda \cdot \cos \gamma \cdot \cos(\gamma + \Phi)}$$

$$= \frac{\tan \gamma \cdot (1 - \cos \Phi) + \sin \Phi - \Lambda \cdot \left[\sin(\gamma + \Phi) \cdot \cos \gamma - \cos(\gamma + \Phi) \cdot \sin \gamma\right]}{1 - \cos \Phi + \Lambda \cdot \cos \gamma \cdot \cos(\gamma + \Phi)} \quad (4.76)$$

$$= \frac{\tan \gamma(1 - \cos \Phi) + \sin \Phi - \Lambda \cdot \sin \Phi}{1 - \cos \Phi + \Lambda \cos \gamma \cos(\gamma + \Phi)}$$

$$= \frac{\tan \gamma \cdot (1 - \cos \Phi) + (1 - \Lambda) \sin \Phi}{1 - \cos \Phi + \Lambda \cos \gamma \cdot \cos(\gamma + \Phi)}$$

Nun wenden wir uns der **zweiten Zeile** von (4.64) zu. Eine Art Additionstheorem für den Arkustangens [3] ermöglicht es, die zwei Arkustangens-Terme in (4.64) zu einem zusammenzufassen. Allgemein gilt

$$\arctan(x) - \arctan(y) = \arctan\left(\frac{x - y}{1 + x \cdot y}\right) \quad \text{für} \quad 1 + x \cdot y > 0.$$

Mit der Abkürzung

$$c = \frac{1 - e}{\sqrt{1 - e^2}} \qquad (4.77)$$

entspricht das Argument $\frac{x-y}{1+x \cdot y}$ in unserer Anwendung dem Term

$$\Gamma_1 = \frac{c \cdot \left[\tan \dfrac{\Theta + \Phi}{2} - \tan \dfrac{\Theta}{2}\right]}{1 + c^2 \cdot \tan \dfrac{\Theta + \Phi}{2} \cdot \tan \dfrac{\Theta}{2}}. \qquad (4.78)$$

Für die Differenz zweier Tangens-Funktionen gilt allgemein [3]:

$$\tan x - \tan y = \frac{\sin(x - y)}{\cos x \cdot \cos y} \qquad (4.79)$$

Anwendung auf (4.78) liefert:

$$
\begin{aligned}
\Gamma_1 &= \frac{c \cdot \sin \frac{\Phi}{2}}{\cos \frac{\Theta+\Phi}{2} \cdot \cos \frac{\Theta}{2} \cdot \left(1 + c^2 \cdot \tan \frac{\Theta+\Phi}{2} \cdot \tan \frac{\Theta}{2}\right)} \\
&= \frac{c \cdot \sin \frac{\Phi}{2}}{\cos \frac{\Theta+\Phi}{2} \cdot \cos \frac{\Theta}{2} + c^2 \cdot \sin \frac{\Theta+\Phi}{2} \cdot \sin \frac{\Theta}{2}} \\
&= \frac{c \cdot \sin \frac{\Phi}{2}}{(1-c^2) \cdot \cos \frac{\Theta+\Phi}{2} \cdot \cos \frac{\Theta}{2} + c^2 \cdot \left[\cos \frac{\Theta+\Phi}{2} \cdot \cos \frac{\Theta}{2} + \sin \frac{\Theta+\Phi}{2} \cdot \sin \frac{\Theta}{2}\right]} \\
&= \frac{c \cdot \sin \frac{\Phi}{2}}{(1-c^2) \cdot \cos \frac{\Theta+\Phi}{2} \cdot \cos \frac{\Theta}{2} + c^2 \cdot \cos \frac{\Phi}{2}} \\
&= \frac{c \cdot \sin \frac{\Phi}{2}}{(1-c^2) \cdot \left[\cos \frac{\Theta}{2} \cdot \cos \frac{\Phi}{2} - \sin \frac{\Theta}{2} \sin \frac{\Phi}{2}\right] \cdot \cos \frac{\Theta}{2} + c^2 \cdot \cos \frac{\Phi}{2}}
\end{aligned}
\tag{4.80}
$$

Wir dividieren Zähler und Nenner durch $\cos \frac{\Phi}{2}$:

$$
\Gamma_1 = \frac{c \cdot \tan \frac{\Phi}{2}}{(1-c^2) \cdot \left[\left(\cos \frac{\Theta}{2}\right)^2 - \sin \frac{\Theta}{2} \cos \frac{\Theta}{2} \cdot \tan \frac{\Phi}{2}\right] + c^2}
\tag{4.81}
$$

Nun rechnen wir die Winkelfunktionen von $\Theta/2$ in solche von Θ um, wieder mithilfe von [3]:

$$
\Gamma_1 = \frac{c \cdot \tan \frac{\Phi}{2}}{\frac{1}{2}(1-c^2) \cdot \left[1 + \cos \Theta - \sin \Theta \cdot \tan \frac{\Phi}{2}\right] + c^2}
\tag{4.82}
$$

Mit der Definition (4.77) ist

$$
1 - c^2 = \frac{2 \cdot e}{1 + e}
\tag{4.83}
$$

und damit

$$
\Gamma_1 = \frac{c \cdot \tan \frac{\Phi}{2}}{\frac{1}{1+e} \cdot \left[e + e \cdot \cos \Theta - e \cdot \sin \Theta \cdot \tan \frac{\Phi}{2}\right] + c^2}
\tag{4.84}
$$

Wieder benützen wir Gl. (4.48) in Kombination mit (4.66), um die wahre Anomalie Θ auf die Bahnneigung γ zurückzuführen:

$$
\Gamma_1 = \frac{c \cdot \tan \frac{\Phi}{2}}{\frac{1}{1+e} \cdot \left[e - 1 + \Lambda \cdot (\cos \gamma)^2 - \Lambda \cdot \cos \gamma \cdot \sin \gamma \cdot \tan \frac{\Phi}{2}\right] + c^2}
\tag{4.85}
$$

Mit der Definition (4.77) ist

$$
\frac{e - 1}{e + 1} + c^2 = 0.
\tag{4.86}
$$

Es bleibt

$$
\Gamma_1 = \frac{(e + 1) \cdot c \cdot \tan \frac{\Phi}{2}}{\Lambda \cdot \cos \gamma \cdot \left[\cos \gamma - \sin \gamma \cdot \tan \frac{\Phi}{2}\right]}.
\tag{4.87}
$$

Mit den Gln. (4.70) und (4.77) lässt sich weiter vereinfachen:

$$\frac{(e+1)\cdot c}{\Lambda \cdot \cos\gamma} = \frac{(e+1)\cdot c}{\sqrt{\Lambda}\cdot\sqrt{\Lambda}\cdot\cos\gamma} = \frac{(e+1)\cdot c}{\sqrt{\Lambda}\cdot\sqrt{\dfrac{1-e^2}{2-\Lambda}}} = \sqrt{\frac{2}{\Lambda}-1} \qquad (4.88)$$

Aus Gl. (4.87) wird damit

$$\Gamma_1 = \frac{\sqrt{\dfrac{2}{\Lambda}-1}\cdot\tan\dfrac{\Phi}{2}}{\cos\gamma - \sin\gamma\cdot\tan\dfrac{\Phi}{2}}. \qquad (4.89)$$

Mit den Ergebnissen (4.71), (4.72), (4.76) und (4.89) können wir die Flugzeit (4.64) in folgender Weise umschreiben:

$$t_f = \frac{r_M}{v_r \cdot \cos\gamma} \cdot \left[\frac{\Lambda \cdot (\cos\gamma)^2}{2-\Lambda} \cdot \frac{\tan\gamma\cdot(1-\cos\Phi)+(1-\Lambda)\cdot\sin\Phi}{1-\cos\Phi+\Lambda\cdot\cos\gamma\cdot\cos(\gamma+\Phi)} + \Gamma \right] \qquad (4.90)$$

mit

$$\Gamma = \frac{2\cdot\cos\gamma}{\Lambda\cdot\left(\dfrac{2}{\Lambda}-1\right)^{3/2}} \arctan \frac{\sqrt{\dfrac{2}{\Lambda}-1}\cdot\tan\dfrac{\Phi}{2}}{\cos\gamma - \sin\gamma\cdot\tan\dfrac{\Phi}{2}} \qquad (4.91)$$

Man beachte, dass das Ergebnis nur gültig ist unter der Voraussetzung, dass der Nenner von Gl. (4.78) positiv ist. Das war eine Bedingung für die Rechenregel mit dem Arkustangens.

Realisierungsaspekte

5

Zusammenfassung

Zu den Realisierungsaspekten gehört die konfigurationsabhängige Umsetzung einer kommandierten Querbeschleunigung im Rahmen der Flugkörperregelung. Ein weiterer Punkt sind Verfahren, um Position und Geschwindigkeit des Ziels zu schätzen. Bei der Zieldatenerfassung gilt es insbesondere zu verhindern, dass die Schätzung der Sichtliniendrehrate durch die Rotation des Flugkörpers verfälscht wird („body moton isolation"). Schließlich geht es um spezielle Lenkgesetze für bestimmte Phasen oder Anforderungen an die Lenkung. Das erste Beispiel ist die Bahnlenkung entlang einer vorab berechneten optimalen Flugbahn in der „Midcourse-Phase". Die „Trajectory Shaping Guidance" dient dazu, einen vorgegebenen Einschlagwinkel im Zielpunkt zu erreichen. Die „Augmented Guidance" ermöglicht es, eine geschätzte oder erwartete Zielbeschleunigung in der Lenkung zu berücksichtigen. Prädiktive Lenkverfahren beruhen auf der Idee, in jedem Lenkzyklus den weiteren Verlauf des Szenarios zu simulieren oder gar zu optimieren. Am Ende besteht eine Mission aus einer Abfolge unterschiedlicher Lenkmodi; die Umschaltung ist Aufgabe der übergeordneten Missionssteuerung.

5.1 Missionssteuerung

In Abb. 5.1 und 5.2 ist ein Beispiel für die Missionssteuerung eines schiffsgestützten Luftabwehrflugkörpers gezeigt. Komplexere Flugkörper durchlaufen während einer Mission mehrere Phasen. Diese Phasen werden durch verschiedene Modi der Missionssteuerung abgebildet. In diesen Modi werden von der Lenkung, aber auch von der Regelung verschiedene Aufgaben erfüllt. Im Weiteren soll ein Beispiel für einen schiffsgestützten Flugkörper zur Luftverteidigung gegeben werden.

T. Kuhn und W. Grimm, *Lenkverfahren*, https://doi.org/10.1007/978-3-662-64211-5_5

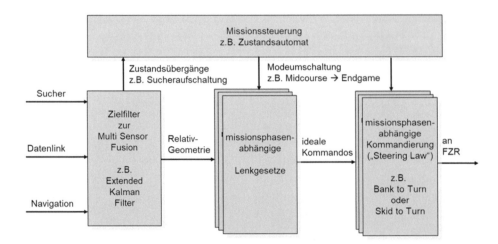

Abb. 5.1 Struktur einer operationellen Lenkung

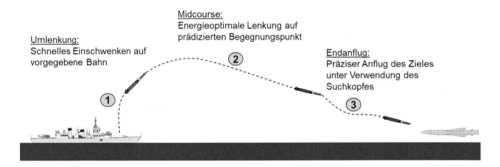

Abb. 5.2 Beispiel für eine Missionssteuerung

Die erste Missionsphase ist die Umlenkphase. Hierbei kommt es darauf an, dass der Flugkörper so schnell wie möglich auf eine vorgegebene Bahn einschwenkt. Oftmals haben solche Flugkörper zu diesem Zweck Schubvektorsteuerungen.

An die Umlenkphase schließt sich die Midcourse-Phase an. Die Aufgabe besteht hier in der möglichst energieoptimalen Lenkung auf einen prädizierten Begegnungspunkt (Predicted Impact Point = PIP).

Im Endanflug wird das Ziel unter Verwendung eines speziellen Lenkgesetzes auf Basis der Proportionalnavigation oder der ZEM-Lenkung angesteuert.

Die Umschaltbedingung vom Midcourse-Segment zum Endanflug könnte z. B. die Bedingung sein, dass

- der Abstand auf einen gegebenen Wert geschrumpft ist und
- der Sucher das Ziel erfasst hat.

Die energieoptimalen Flugabschnitte werden im Rahmen des Lenkentwurfs vorab („off-line") für verschiedene Reichweiten berechnet, ihre Daten werden in der Datenbasis des Lenkgesetzes abgelegt. Es handelt sich um Bahnen in der Vertikalebene ohne Richtungsän-derung. Der Flugkörper wird, was den Bahnazimut angeht, in Richtung PIP abgeschossen, so dass in den ersten zwei Phasen keine Richtungsänderung in der Horizontalebene nötig ist. Im tatsächlichen Betrieb werden die Flugbahnparameter aus der Datenbasis gewählt, deren Reichweite am besten zum PIP passt. Genauer gesagt, erfolgt die Berechnung des PIP simultan zur Wahl der Flugbahn.

Die Schwellwerte zur Umschaltung der Lenkmodi werden im Wesentlichen heuris-tisch eingestellt. Sie stellen einen Kompromiss zwischen Leistung und Robustheit dar. Ist beispielsweise der Schwellwert für den Zielabstand zur Umschaltung auf die Endgame-Lenkung zu groß gewählt, so besteht die Gefahr, dass der Flugkörper durch einen zu langen energiezehrenden Endanflug unwirksam wird. Ist dieser Wert zu klein gewählt, wird die Treffwahrscheinlichkeit reduziert, da die Ausgangsposition für den Endanflug zunehmend ungünstig sein kann. Solche Lenkparameter lassen sich oft nur im Rahmen von Monte-Carlo-Simulationen einstellen. Unter Monte-Carlo-Simulationen versteht man allgemein eine Serie von Simulationen mit deterministischer oder stochastischer Änderung bestimm-ter Systemparameter.

5.2   Zielfilter

Die bislang betrachtete Komponente der Lenkung ist das eigentliche Lenkgesetz. In Abb. 5.3 wird die Aufgabe des vorgeschalteten Zielfilters dargestellt. Dieses erwartet quasikontinu-ierlich – nämlich ohne zeitliche Verzögerung und in jedem Abtastschritt der Lenkung die Angaben zu Ort und Geschwindigkeit von dem Flugkörper selbst und dem Ziel. Da der Flugkörper über eine eigene Navigation verfügt, stehen die Angaben zu eigenem Ort und Geschwindigkeit – wenn auch nicht fehlerfrei – zur Verfügung. Das Ziel jedoch wird nur über eine Vermessung durch die Feuerleitanlage und den Suchkopf erfasst. Das Feuerleitra-dar hat die typischen entfernungsabhängigen Fehler, und die ermittelten Zieldaten werden dem Flugkörper auch nur über eine Funkverbindung (Uplink) übermittelt. Diese Funkver-bindung ist ausfallgefährdet und liefert die Daten nur mit zeitlicher Verzögerung bzw. in unregelmäßigen Intervallen, die mitunter mehrere Sekunden lang sein können.

Der Suchkopf hat zu Beginn der Mission noch nicht aufgeschaltet. Sobald dieser das Ziel aufgefasst hat, können die Schielwinkel als Messwerte bereitgestellt werden. Radarbasierte Sucher liefern außerdem die Entfernung zum Ziel und die Annäherungsgeschwindigkeit (Doppler). Damit stehen unterschiedliche Messwerte ein und derselben Relativgeometrie mit unterschiedlichen Störungen behaftet zeitweise redundant zur Verfügung. Es ist die Aufgabe des Lenkfilters, mittels Verfahren zur Multi-Sensor-Fusion aus diesen Daten eine quasikontinuierliche Information zur Relativgeometrie für das Lenkgesetz zu generieren. Die Aufgabenstellung der Multi-Sensor-Fusion in Zusammenhang mit der Bekämpfung von

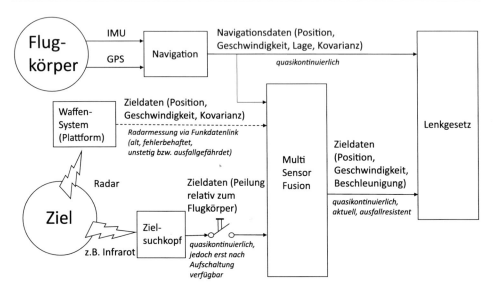

Abb. 5.3 Aufgabe des Zielfilters

Luftzielen geht zurück auf die vierziger Jahre. Schon im Zweiten Weltkrieg wurden erste radargesteuerte Flugabwehrgeschütze entworfen, bei denen der Vorhalt der Waffe aus dem Radartrack des Zieles berechnet wurde. Damals wurden bereits anspruchsvolle Filterlösungen als aufwändige analoge Elektronik zur Zielprädiktion aus den fehler- und lückenhaften Radardaten zum Einsatz in der Feuerleitanlage entworfen und eingesetzt. Heute bieten uns leistungsstarke Digitalrechner die Möglichkeit, optimale nichtlineare Zustandsfilter sogar im Flugkörper einzusetzen. Zur Zielfilterung kommen oftmals unterschiedliche Filteransätze zur Anwendung. Wenn beispielsweise ein manövrierendes Ziel betrachtet werden soll, dann verwendet man zur Fusion von Uplink- und Sucherdaten ein Extended Kalman Filter im Trackingansatz als Singer-Filter. Letzteres besagt, dass als Zustände dieses Filters die Beschleunigung, Geschwindigkeit und Position des Zieles in kartesischen Koordinaten dienen. Die Zustände für die Beschleunigung verändern sich über ein modelliertes System-rauschen, mit dem die angenommene Manövrierfähigkeit des Zieles abgebildet wird. Die Geschwindigkeit und Position des Zieles wird mit deterministischen Zuständen (A-priori-Vorhersage) abgebildet. Über nichtlineare Ausgangsgleichungen werden die Messwerte für den Uplink bzw. den Sucher vorhergesagt. Aus dem Vergleich der – soweit vorhandenen – realen Messwerte und der Vorhersage entsteht der Vorhersagefehler, welcher wiederum zur Aktualisierung der Zustandsschätzung (A-posteriori-Korrektur) dient. Der Vorteil des Kalman-Filters ist die statistisch optimale Berücksichtigung des Messrauschens, wobei die entsprechenden Kovarianzen vorgegeben werden können und durchaus Funktionen von Ziel-entfernung oder Restflugzeit sein dürfen.

Weiterführende Erläuterungen zur Verwendung des Extended Kalman Filters als Lenkfilter werden im Anhang A.1 geliefert.

5.3 Kommandierung des Flugreglers

Bei der Kommandierung wird das „ideale Kommando" in passende Kommandos für den Autopiloten umgerechnet, der einen Folgeregler für die Querbeschleunigung darstellt. Dabei wird zwischen „Bank to Turn" und „Skid to Turn" unterschieden:

Bei „Skid to Turn" (STT) werden die Beschleunigungen in körperfester y- und z-Achse kommandiert. Die Skid-to-Turn Strategie ist sinnvoll, wenn in allen Richtungen der körperfesten (y,z)-Ebene Querbeschleunigungen ähnlicher Größe erzeugt werden können (Abb. 5.4).

Bei „Bank to Turn" (BTT) werden der Rollwinkel kommandiert und die Beschleunigung in der bevorzugten Achse (y oder z) mit dem größeren Beschleunigungspotenzial. Dabei ist wesentlich, dass der Flugregler im Rollkanal deutlich agiler eingestellt sein muss als in den Lateralkanälen. Das heißt, der kommandierte Rollwinkel muss schneller eingeregelt werden als die laterale Querbeschleunigung. Die dadurch auftretende Verzögerung ist üblicherweise nur gegen quasi-stationäre Ziele zu tolerieren. Beim Einsatz von Flugkörpern mit Vorzugslagen gegen manövrierende Ziele ist eine Mischform aus Skid- und Bank-to-Turn ideal. Diese Mischform des „Bank while Turning" wird angewendet, wenn der Flugkörper in zwei aufeinander senkrecht stehenden Richtungen der körperfesten (y,z)-Ebene besonders große Querbeschleunigungen erzeugen kann. Beim „Bank while Turning" wird das Querbeschleunigungskommando im Rahmen der aerodynamischen Grenzen sofort

Abb. 5.4 Typischer Skid-to-Turn Flugkörper „Sidewinder"

erteilt. Gleichzeitig rollt der Flugkörper in die nächstgelegene Vorzugslage. Der Komman-
dierungsalgorithmus enthält auch Sonderfallbehandlungen für die Situation, dass das ideale
Lenkkommando

- keine reine Querbeschleunigung ist und/oder
- hinsichtlich des kommandierten Betrages nicht erzeugbar ist.

In Abb. 5.7 werden drei typische Flugkörperkonfigurationen mit ihren Querbeschleuni-
gungsfähigkeiten vergleichend dargestellt. Ein typischer Skid-to-Turn Flugkörper wie Sidewinder verfügt über ein nahezu richtungsunabhängiges Querbeschleunigungsvermögen.
Dagegen wird man mit einer flugzeugähnlichen Konfiguration wie der Gleitbombe HoPe
(Abb. 5.5) vorzugsweise Bank-To-Turn zu fliegen, da eine klare Vorzugslage vorhanden ist.
Kreuzflügelkonfigurationen wie die IRIS-T (Abb. 5.6) besitzen eine sternförmige Vertei-
lung der Beschleunigungsfähigkeit, d. h. es gibt vier Vorzugslagen. Man spricht von einer
x-Konfiguration, da alle vier Flügel gegen die Anströmung gestellt werden und Querbeschleunigung erzeugen. Dagegen nennt man die um 45° Rolllage dazu liegende Anströ-
mungsrichtung die „+"-Konfiguration, da dann, wenn auch mit größerer wirksamer Spann-
weite, nur noch ein Flügelpaar aerodynamisch wirksam angestellt wird. Dies zeichnet einen
typischen Bank-while-Turning Flugkörper aus. Wird ein Kommando erteilt, dann wird das
Lateralkommando bereits umgesetzt, während der Flugkörper in seine Vorzugslage rollt.
Auf diese Weise bleibt die Verzögerung des Lenkkommandos minimal, während zugleich
die maximale Querbeschleunigungsfähigkeit des Flugkörpers ausgeschöpft wird. Allein der
Flugreglerentwurf gestaltet sich dann deutlich anspruchsvoller, da die Kopplungen des Roll-
kanals und der Lateralkanäle dabei vollumfänglich zu berücksichtigen sind. Der Flugreg-
ler sorgt dafür, dass Kommandos unmittelbar umgesetzt werden, wobei länger andauernde
Lenkkommandos in x-Konfiguration geflogen werden.

Abb. 5.5 Typische Bank-to-Turn Flugkörper „HoPe" bzw. „HosBo"

Abb. 5.6 „Bank while Turning" Flugkörper „IRIS-T"

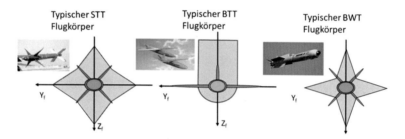

Abb. 5.7 Vergleich der Kommandierungsstrategien

Die geeignete Auswahl der Kommandierung des Autopiloten (Steering Law) richtet sich also in erster Linie nach den aerodynamischen Fähigkeiten des Flugkörpers. Darüber hinaus gibt es jedoch die Möglichkeit, die Kommandierung des Flugreglers von der Missionsphase abhängig zu machen. So kann es vorkommen, dass in der Midcourse-Phase die Kommunikation und der Satellitenempfang wichtiger als die Agilität sind. Der Flugkörper würde dann per Skid-to-Turn geflogen, wobei die Rolllage so gewählt wird, dass die Antennen in die gewünschte Richtung (in der Regel nach oben) zeigen.

Skid-to-Turn heißt zunächst nur, dass die Rolllage unabhängig von der kommandierten Richtung des Beschleunigungsvermögens bleibt. Das kann entweder bedeuten, dass die Rolllage auf einen gezielten Wert geregelt wird, beispielsweise so, dass die Antennen des Flugkörpers nach oben zeigen, oder die Rolllage völlig beliebig sein kann. Letzteres findet man bei historischen Flugkörpern wie dem Sidewinder. Bei diesem wurde auf die Regelung der Rolllage völlig verzichtet. Stattdessen wird eine mechanische Rolldämpfung verwendet, die auf aerodynamisch angetriebenen Kreiseln an den Flügelenden beruht. Diese Kreisel sind bestrebt, ihre inertiale Ausrichtung beizubehalten. Beginnt der Flugkörper zu rollen, so stellen sich die beweglich gelagerten Ruderkanten mit den Kreiseln quasi als Querruder dieser Rollbewegung entgegen und dämpfen die Rollbewegung.

Die Umsetzung des Lenkkommandos hängt nicht nur von der Auslegung des Autopiloten ab, sondern auch von der Art und der Lage der Stellglieder. Bei einer Hecksteuerung wirkt die Steuerkraft entgegen der zu erzeugenden Luftkraft. Die Reaktionszeit ist etwas länger, jedoch beeinflussen die Steuerflächen nicht die Flugkörperaerodynamik. Heckruder beeinträchtigen nicht das Strömungsfeld am Flugkörper. Die aerodynamische Hecksteuerung kann durch Schubvektorsteuerung unterstützt werden.

Genau umgekehrt ist der Effekt bei Steuerflächen am Kopfende (Entensteuerung, Canard). Hier wirkt die Steuerkraft in Richtung der zu erzeugenden Luftkraft, und die Reaktionszeit ist vergleichsweise kurz. Auf der anderen Seite wird das Strömungsfeld um den Flugkörper durch die Steuerflächen beeinträchtigt. Dadurch wird der Betrag der erzeugbaren Beschleunigung reduziert.

5.4   Spezielle Lenkgesetze

Eine operationelle Lenkung besteht wie bereits angedeutet üblicherweise aus mehreren speziellen Lenkgesetzen, zwischen denen von der Missionssteuerung umgeschaltet wird. Bei der Auslegung und Implementierung dieser speziellen Lenkgesetze ist die Einteilung in Lenkebenen sinnvoll. Zunächst ist es wichtig, ein geeignetes Koordinatensystem für die Lenkung festzulegen. Gern wird hier ein Koordinatensystem verwendet, bei dem die Z-Achse nach unten, also in Gravitationsrichtung zeigt. Damit fällt es leicht, die Lenkung auf zwei Ebenen aufzuteilen, eine Ebene, in der die Gravitation wirkt, genannt die In-Plane, und die dazu orthogonale Ebene, in der die Gravitation vernachlässigt werden kann, die Out-of-Plane. Entsprechend können unterschiedliche Lenkgesetze für die beiden Ebenen angewendet werden. Eines kann beispielsweise die Gravitation explizit berücksichtigen. Ein anderes spezielles Lenkgesetz kann beispielsweise den Bahnneigungswinkel, unter dem das Ziel getroffen werden soll, präzise einstellen. Ein Beispiel für die Definition geeigneter Lenkebenen ist in Abb. 5.8 dargestellt. Die lokale Vertikalebene ist z. B. dadurch definiert, dass sie die Verbindungslinie zwischen dem Flugkörper und dem vorhergesagten Begegnungspunkt (PIP) enthält. Der Lenkentwurf kann in beiden Ebenen separat erfolgen. Die Beschleunigungskommandos aus beiden Ebenen werden im einfachsten Fall zu einem Gesamtkommando zusammengefügt. Die Bewegung in der Vertikalebene bezeichnet man als „In-Plane". Hier geht es z. B. um den Entwurf eines optimalen Höhenprofils (z. B. energieoptimal) oder um die Einstellung eines gewünschten Treffwinkels. Die Lenkung in der Horizontalebene („Out-of-Plane") besteht z. B. in einer Richtungskorrektur auf den PIP hin, um zu einer reinen In-Plane-Bewegung zurückzukehren.

Es soll zusammenfassend festgestellt werden, dass die Aufteilung in orthogonale Lenkebenen sich insbesondere für die Lenkung auf stationäre Ziele bzw. für die Midcourse-Phase anbietet, wenn auf einen quasistationären PIP gelenkt wird.

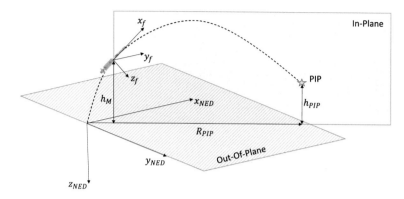

Abb. 5.8 Definition geeigneter Lenkebenen

5.4.1 Bahnlenkung

Die in Abb. 5.9 dargestellte Bahnlenkung ist ein typisches Lenkgesetz für die Midcourse-Phase. Es gilt, den Flugkörper auf einer vorab optimal bestimmten Bahn entlang zu einem Punkt zu führen, in dem der Suchkopf auf das Ziel aufschalten und eine erfolgreiche End-phasenlenkung (Endgame) beginnen kann. Die Solltrajektorie wird in der vertikalen Ebene zwischen Flugkörper und PIP definiert. Das Verfahren besteht darin, dass der Abstand zur analytisch gegebenen Solltrajektorie $z = f(x)$ bestimmt wird. Die Solltrajektorie wird in einer geeigneten Skalierung vorgegeben. Die Entfernung zum PIP über Grund (siehe R_{PIP} in Abb. 5.8) ist ein geeigneter Skalierungsfaktor. Zunächst wird die bereits vom Flugkör-per über Grund zurückgelegte Strecke berechnet und mit dem gewählten Skalierungsfaktor normiert.

$$\bar{x}_M = \frac{\sqrt{x_M^2 + y_M^2}}{\sqrt{x_{PIP}^2 + y_{PIP}^2}} = \frac{\sqrt{x_M^2 + y_M^2}}{R_{PIP}} \tag{5.1}$$

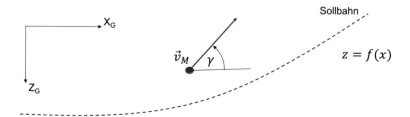

Abb. 5.9 Bahnlenkung

An den nächstgelegenen Punkt $P\{x_c, z_c\}$ wird eine Tangente angelegt. Der Anstieg dieser Tangente bestimmt den aktuellen Sollbahnwinkel für den Flugkörper. Es gilt:

$$\gamma_c = -\arctan \frac{\mathrm{d}f(x_c)}{\mathrm{d}x} \tag{5.2}$$

Für den Abstand zu einem Punkt auf der Solltrajektorie gilt:

$$D = \sqrt{(x_c - \bar{x}_M)^2 + (f(x_c) - \bar{z}_M)^2} \tag{5.3}$$

Will man den nächstgelegenen Punkt auf der Solltrajektorie berechnen, dann setzt man die Ableitung des quadratischen Abstands nach dem gesuchten Punkt zu Null.

$$0 = 2(x_c - \bar{x}_M) + 2(f(x_c) - \bar{z}_M)\frac{\mathrm{d}f(x_c)}{\mathrm{d}x_c} \tag{5.4}$$

Ist die Solltrajektorie als ein Polynom n-ter Ordnung gegeben, dann wird die Berechnung des nächsten Punktes zur Nullstellenbestimmung eines Polynoms $(2n - 1)$-ter Ordnung und ist damit für $n > 2$ nicht mehr praktikabel. Stattdessen kann man den Funktionswert der Solltrajektorie an der Stelle der Flugkörperposition über Grund verwenden: $x_c = \bar{x}_M$. Mit dieser Vereinfachung wird die Bahnlenkung auf Basis einer als Polynom gegebenen Solltrajektorie relativ einfach realisierbar. Die Koeffizienten der Solltrajektorie sind dann für ein Polynom im Intervall $0 \leq x \leq 1$ gegeben. Für die praktische Anwendung zur Midcourse-Lenkung reicht die Polynomordnung 3 völlig aus. Zur besseren Handhabbarkeit wird anstelle der in Gravitationsrichtung zeigenden z-Koordinate die Flughöhe verwendet. Ähnlich wie bei der Reichweite bezeichnet $\bar{h}$ die mit R_{PIP} skalierte Höhe.

$$\bar{h} = a_0 + a_1\bar{x}_M + a_2\bar{x}_M^2 + a_3\bar{x}_M^3 \tag{5.5}$$

Die Ableitungen können auf einfache Weise gebildet werden.

$$\frac{\mathrm{d}\bar{h}}{\mathrm{d}\bar{x}_M} = a_1 + 2a_2\bar{x}_M + 3a_3\bar{x}_M^2 \tag{5.6}$$

$$\frac{\mathrm{d}\bar{h}}{\mathrm{d}\bar{x}_M} = 2a_2 + 6a_3\bar{x}_M \tag{5.7}$$

Die Sollflughöhe ist dann

$$h_c = R_{PIP}\bar{h}. \tag{5.8}$$

Der Sollbahnwinkel ist von der Skalierung unabhängig.

$$\gamma_c = \arctan\left(\frac{\mathrm{d}\bar{h}}{\mathrm{d}\bar{x}_M}\right) \tag{5.9}$$

Und für die zeitliche Änderung des Sollbahnwinkels gilt durch Ableiten des Arkustangens:

$$\dot{\gamma}_c = \frac{\frac{\mathrm{d}^2 \bar{h}}{\mathrm{d}\bar{x}_M^2}}{1 + \left(\frac{\mathrm{d}\bar{h}}{\mathrm{d}\bar{x}_M}\right)^2} \cdot \frac{\mathrm{d}\bar{x}_M}{\mathrm{d}t} \tag{5.10}$$

mit

$$\frac{\mathrm{d}\bar{x}_M}{\mathrm{d}t} = \frac{x_M \dot{x}_M + y_M \dot{y}_M}{R_{PIP}^2 \bar{x}_M} \tag{5.11}$$

Das Lenkgesetz ergibt sich durch den Ansatz einer PID-Regelung. Die integrale Regelabweichung ist der Fehler in der Höhe multipliziert mit dem Kosinus des Bahnwinkels.

$$\Delta h = \cos\gamma (h_c + z_M) \tag{5.12}$$

Die Regelabweichung für den Bahnwinkel ist

$$\Delta\gamma = \gamma_c - \gamma_M. \tag{5.13}$$

Das Lenkgesetz fasst den differenziellen, den proportionalen und den integralen Anteil zusammen:

$$a_{cI} = -\|\vec{v}_M\|(\dot{\gamma}_c + K_P \Delta\gamma + K_I \Delta h) \tag{5.14}$$

Dieses Lenkkommando für die In-Plane versteht sich als Querbeschleunigungskommando senkrecht stehend auf dem Geschwindigkeitsvektor des Flugkörpers. Flugmechanisch ausgedrückt handelt es sich um eine Beschleunigungskomponente in bahnfester z-Richtung. Für eine Vergrößerung des Bahnneigungswinkels und/oder der Flughöhe ist eine Querbeschleunigung nach oben erforderlich, was formal einer negativen Beschleunigung in bahnfester z-Richtung entspricht, da die bahnfeste z-Achse nach unten zeigt. Das erklärt das Minuszeichen in Gl. (5.14).

Vor der Transformation ins Lenkkoordinatensystem ist noch eine wichtige Kompensation vorzunehmen. Diese soll mit Hilfe eines Simulationsbeispiels verdeutlicht werden. Dazu wird das bereits im Abschn. 4.5 verwendete Simulationsmodell verwendet. In dieses Modell wurde eine Midcourse-Phase auf Basis der Bahnlenkung integriert. Dazu wurde die bislang beschriebene Lenkung um die Terme für die Out-of-Plane erweitert:

$$a_{cO} = K_P \Delta\chi = K_P(\chi_c - \chi) \tag{5.15}$$

Als Sollbahnwinkel wird der aktuelle Kurs zum PIP verwendet. Es gilt:

$$\chi_c = \arctan_2(y_{PIP} - y_M, x_{PIP} - x_M) \tag{5.16}$$

Analog zum Kommando a_{cI} ist a_{cO} als Beschleunigungskomponente in bahnfester y-Richtung aufzufassen. Damit kann das bahnfeste Lenkkommando aufgestellt werden. Es ist jedoch zu beachten, dass, sobald aerodynamische Anstell- und Schiebewinkel vorhanden

sind, Querbeschleunigungen aufgrund von Schub und Widerstand (Beschleunigung entlang
der körperfesten x-Achse) im bahnfesten Koordinatensystem wirken. Diese so genannten
Cross-Path-Accelerations sind dem Kommando aufzuschalten.

$$\vec{a}_k^c = \begin{pmatrix} 0 \\ a_{cO} \\ a_{cI} \end{pmatrix} + T_{kG} T_{Gf} \begin{pmatrix} a_f^x \\ 0 \\ 0 \end{pmatrix} \tag{5.17}$$

Anschließend wird das Lenkkommando in die Lenkkoordinaten transformiert und die Gravitation kompensiert, indem die Erdbeschleunigung vom inertialen Lenkkommando subtrahiert wird (vgl. auch Abschn. 2.5). Diese Kompensation ist insbesondere in der Praxis
sinnvoll, da die Beschleunigungsmesser des Flugkörpers im Freiflug die auf den Flugkörper
wirkende Erdanziehung nicht messen können. Diese Tatsache wird auch von dem hier verwendeten einfachen Modell berücksichtigt. Die Midcourse-Phase wird unmittelbar nach der
unbeschleunigten Phase gestartet und mit Unterschreiten eines geeignet gewählten Schwell-
wertes für die Restflugzeit (in diesem Beispiel 5 s) wird auf Proportionalnavigation umgeschaltet. Aufgrund der Midcourse-Phase und der deshalb gewährleisteten Umlenkung in
Richtung des Zieles kann der Flugkörper jetzt senkrecht gestartet werden.

Das Ziel startet im gewählten Szenario zur Demonstration in 20 km Entfernung in x-
Richtung in 5 km Höhe und fliegt um 1 km in y-Richtung versetzt geradlinig und gleich-
förmig mit einer Geschwindigkeit von 200 m/s in negativer x-Richtung. Als prädizierter
Bekämpfungsort (PIP) wird

$$\vec{x}_G^{PIP} = \begin{pmatrix} 14 \\ 1 \\ -5 \end{pmatrix} km \tag{5.18}$$

abgeschätzt bzw. ausgewählt. Die Koeffizienten des Polynoms der skalierten Solltrajektorie
werden berechnet, indem geeignete Stützstellen angegeben werden und eine Interpolation
durchgeführt wird. Als Stützstellen an den Rändern stehen bereits der Startort

$$P_0 = \{x_0; z_0\} = \{0; 0\} \tag{5.19}$$

bzw. der normierte PIP in der Lenkebene

$$P_3 = \{x_3; z_3\} = \left\{ 1; -\frac{h_{PIP}}{R_{PIP}} \right\} \tag{5.20}$$

fest. Um die vier Koeffizienten für ein kubisches Polynom angeben zu können, werden
noch zwei weitere Stützstellen benötigt. Dazu werden die normierten Flughöhen nach 1/3
bzw. 2/3 der zurückgelegten Flugstrecke über Grund verwendet. In diesem Beispiel ist es
gewünscht, dass nach einem Drittel der Strecke bereits 90 % der PIP-Höhe zu erreichen
sind.

$$P_1 = \{x_1; z_1\} = \left\{ \frac{1}{3}; -0{,}9 \cdot \frac{h_{PIP}}{R_{PIP}} \right\} \tag{5.21}$$

Nach zwei Dritteln der Flugstrecke soll die Flughöhe 10 % oberhalb der PIP-Höhe betragen. Da die Bekämpfungsentfernung bereits recht groß ist, wird diese Überhöhung der Flugbahn als sinnvoll angesehen.

$$P_2 = \{x_2; z_2\} = \left\{\frac{2}{3}; -1,1 \cdot \frac{h_{PIP}}{R_{PIP}}\right\} \tag{5.22}$$

Mit diesen Stützstellen ist die Form der gewünschten Trajektorie eindeutig vorgegeben. Bei der gewählten Trajektorienform wird beabsichtigt, möglichst wenige Lenkbewegungen in der dichten Atmosphäre durchzuführen und stattdessen schnell auf die Zielflughöhe zu kommen. Der Endanflug sollte bereits auf Kollisionskurs erfolgen, so dass im Falle von Zielmanövern noch genügend eigene Reserve in Form kinetischer Energie zur Verfügung steht. Ein wichtiger Grund für die Nutzung der Midcourse-Lenkung besteht darin, möglichst energieoptimal zu fliegen und Zielmanöver so lange wie möglich zu ignorieren. Während die Proportionalnavigation bei jedem Zielmanöver sofort versucht, den Kollisionskurs wiederherzustellen, wird der PIP in der Midcourse-Phase nur geändert, wenn es nicht mehr zu vermeiden ist. Ein Zielmanöver in Form eines S-Schlages (Doppelkurve) führt bei der Proportionalavigation zu signifikanten Lenkbewegungen und einem entsprechenden Energieverlust. Dagegen bleibt die Midcourse-Lenkung auf der vorgegebenen Trajektorie und bleibt von dem Zielmanöver unbeeinflusst.

Der Ansatz besteht darin, die Polynomgleichungen für diese gegebenen Stützstellen in Matrixform darzustellen.

$$\vec{y} = M\vec{a} \tag{5.23}$$

mit

$$\vec{y} = \begin{pmatrix} z_0 \\ z_1 \\ z_2 \\ z_3 \end{pmatrix} \tag{5.24}$$

und

$$M = \begin{pmatrix} 1 & x_0 & x_0^2 & x_0^3 \\ 1 & x_1 & x_1^2 & x_1^3 \\ 1 & x_2 & x_2^2 & x_2^3 \\ 1 & x_3 & x_3^2 & x_3^3 \end{pmatrix} \tag{5.25}$$

Die gesuchten Koeffizienten des Polynoms $\vec{a}$ ergeben sich durch Lösung des linearen Gleichungssystems (5.23):

$$\vec{a} = M^{-1}\vec{y} \tag{5.26}$$

Dabei bleibt die Matrix

$$M^{-1} = \begin{pmatrix} 1 & 0 & 0 & 0 \\ -\frac{11}{2} & 9 & -\frac{9}{2} & 1 \\ 9 & -\frac{45}{2} & 18 & -\frac{9}{2} \\ -\frac{9}{2} & \frac{27}{2} & -\frac{27}{2} & \frac{9}{2} \end{pmatrix} \tag{5.27}$$

konstant und muss nicht jedes Mal neu berechnet werden.

In der Simulation wird das gewünschte Verhalten nachgewiesen (Abb. 5.10, 5.11, 5.12 und 5.13). Der Flugkörper nimmt unmittelbar den Kurs zum PIP auf bzw. folgt der gewünschten Trajektorie. Am Anfang findet nur eine leichte Umlenkung aus dem Senkrechtstart statt und der Flugkörper folgt einer parabelförmigen Bahn, die sich zunehmend krümmt, um das letzte Drittel quasi geradlinig zu dem Begegnungspunkt mit dem Ziel zu führen. Sobald die vorgegebene Restflugzeit von 5 s unterschritten wird, schaltet die Lenkung auf Proportionalnavigation um. Während der Midcourse-Phase folgt der Flugkörper nach anfänglichem Einschwenken der vorgegebenen Solltrajektorie bzw. dem vorgegebenen Bahnwinkel. Die Bahnlenkung erweist sich als geeignet, um einer sinnvoll vorgegebenen Solltrajektorie zu folgen. Mit der vorgegebenen Solltrajektorie erreicht der Flugkörper sein Ziel nach 25,8 s mit einer Machzahl von 1,8. Die sinnvolle Vorgabe solcher Sollbahnen erfolgt unter Verwendung der Parameteroptimierung. Dazu werden die Trajektorienparameter simulationsbasiert mit einem Gütekriterium bewertet. Als Gütekriterium ist ein Pareto-Ansatz sinnvoll, also eine gewichtete Summe aus mehreren Teilkriterien. Als notwendige Bedingung sollte die Trajektorie so gewählt sein, dass ein Treffer zustande kommt. Deswegen bildet die quadrierte Zielablage

$$E^2 = \|\vec{x}_T(t_{final}) - \vec{x}_M(t_{final})\|^2 \qquad (5.28)$$

den ersten Term der Gütefunktion. Um eine möglichst große Bekämpfungsentfernung zu erreichen, ist es notwendig, das Ziel so schnell wie möglich zu bekämpfen. Damit bildet die benötigte Flugzeit t_{final} bis zur Bekämpfung den zweiten Term des Gütekriteriums. Dieses Teilkriterium wird mit einem Gewicht von 100 multipliziert, um ein ausgewogenes Verhältnis zu dem dritten zu bewertenden Term zu schaffen. Dieser dritte Term ist die Geschwindigkeit bei Zielerreichung. Diese sollte so hoch wie möglich sein, um eine mög-

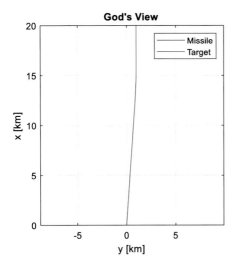
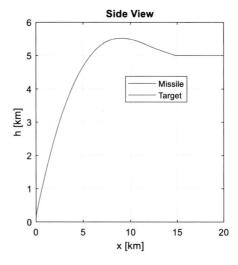

Abb. 5.10 Trajektorie mit Midcourse-Lenkung

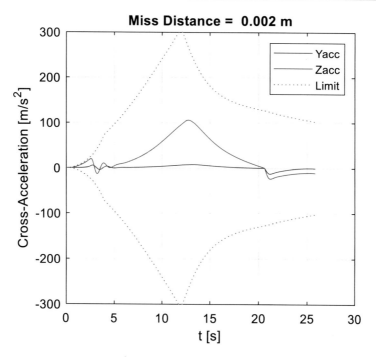

Abb. 5.11 Lenkkommandos

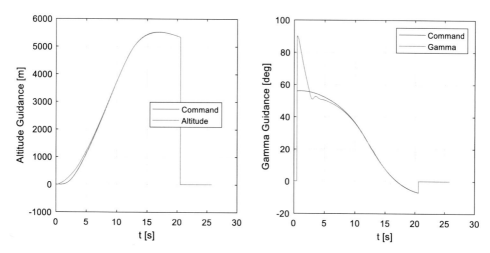

Abb. 5.12 Midcourse Lenkung

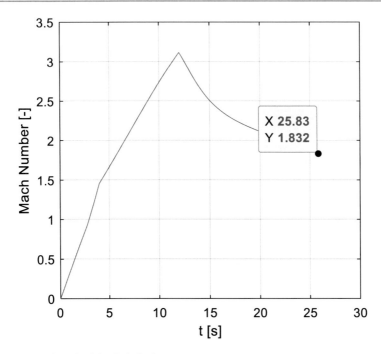

Abb. 5.13 Machzahlverlauf der Bahnlenkung

lichst große Energiereserve zur Kompensation von Zielmanövern zu haben. Deshalb wird die finale Geschwindigkeit im Gütekriterium subtrahiert. Die Forderung nach einer möglichst hohen finalen Geschwindigkeit steht keineswegs im Einklang mit der Forderung nach einer möglichst kurzen Flugzeit. Gerade bei größeren Reichweiten stehen die beiden Forderungen im Widerspruch zueinander. Eine möglichst direkte Flugbahn mag zu einer möglichst kurzen Flugdauer führen, jedoch verläuft diese Flugbahn durch die dichte Atmosphäre und führt so zu einer stärkeren aerodynamischen Abbremsung. Als Kompromiss könnte eine überhöhte Flugbahn in Frage kommen, die schneller in größere Höhen führt, zwar länger dauert, dafür aber mit deutlich höherer Geschwindigkeit beim Ziel eintrifft. Das gewählte Gewicht für die Flugzeit lässt sich so interpretieren, dass eine Sekunde mehr Flugzeit nur für einen Geschwindigkeitsgewinn von $100\,\text{m/s}$ in Kauf genommen wird. Für das gesamte Gütekriterium gilt:

$$Q = E^2 + 100 \cdot t_{final} - \|\vec{v}_M(t_{final})\| \tag{5.29}$$

Zur Berechnung dieses Gütekriteriums wird offline mit dem Modell simuliert. Als Ziel wird der zu optimierende PIP und damit ein stationäres Ziel angegeben. Die zu optimierenden Parameter sind die Stützstellen der Solltrajektorie nach 1/3 und 2/3 der zurückgelegten Flugstrecke über Grund. Als Suchverfahren bietet sich das in Anhang A beschriebene Simplexverfahren nach Nelder-Mead an. Da das Gütekriterium auf einer Simulation beruht, ist es nicht sinnvoll, ein gradientenbasiertes Suchverfahren zu nutzen. Die Approximation des

Gradienten durch den numerischen Differenzenquotienten ist nicht nur aufwändig, sondern je nach Wahl der Schrittweite auch fehleranfällig. Das empfohlene Suchverfahren benötigt keinen Gradienten und arbeitet, sofern es in der Umgebung eines globalen Optimums gestartet wird, sehr zuverlässig.

Für den vorliegenden Fall des PIP in 14 km Entfernung in einer Höhe von 5 km wird die Suche mit einem direkten Anflug gestartet. D. h. die Sollflughöhe nach 1/3 der Flugstrecke beträgt 1/3 der PIP-Höhe bzw. die Sollflughöhe nach 2/3 der Flugstrecke beträgt 2/3 der PIP-Höhe. Das Optimum wird bei einer Flughöhe von 21,7 % der gesamten Entfernung über Grund nach 1/3 der Flugstrecke und 30,8 % nach 2/3 der Flugstrecke gefunden. Die Solltrajektorie endet in einer Höhe von 35,7 % (=5 km) der Entfernung über Grund (=14 km). Die optimale Flugbahn zu diesem PIP ist in Abb. 5.14 dargestellt. Die optimale Trajektorie ist nicht überhöht, führt jedoch dazu, dass gleich zu Beginn, wenn der induzierte Widerstand noch verhältnismäßig klein ist und die Kursänderung mit relativ geringen Querbeschleunigungen erreicht wird, auf eine energetisch optimale Bahn zum PIP umgelenkt wird. Die Bahnlenkung ist gut in der Lage der optimalen Trajektorie zu folgen (Abb. 5.16). Dabei werden maximal 4 g als Lenkkommando benötigt (Abb. 5.15). Diese treten etwa bei Brennschluss des Triebwerks und damit bei der höchsten Geschwindigkeit auf. Der Flugkörper erreicht den PIP nach 22,14 s mit einer Machzahl von fast 2,2 (Abb. 5.17). Es ist somit durch die Parameteroptimierung gelungen, sowohl die Flugzeit zu senken als auch die Bekämpfungsgeschwindigkeit deutlich zu erhöhen.

In der operationellen Realisierung wird durch die Optimierungsrechnung eine Datenbasis in Form von Lookup-Tabellen geschaffen, mit der für alle denkbaren PIP's ein geeigneter Satz von Trajektorienparametern durch Interpolation bestimmt werden kann. Zudem werden

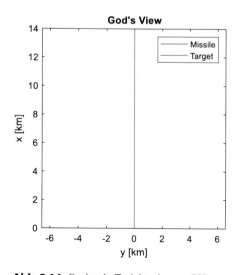
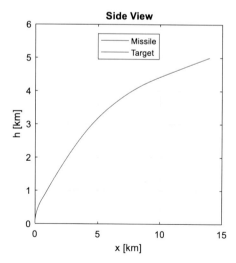

Abb. 5.14 Optimale Trajektorie zum PIP

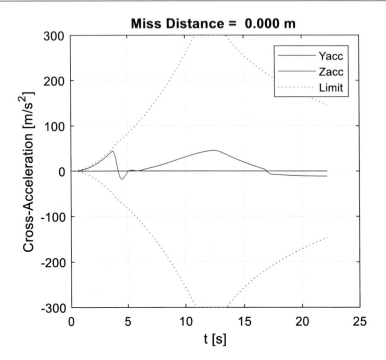

Abb. 5.15 Lenkkommandos für optimale Trajektorie

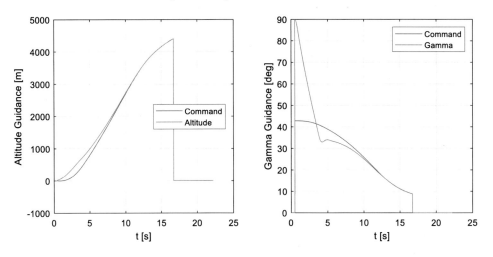

Abb. 5.16 Bahnlenkung entlang der optimalen Trajektorie

auch die Flugzeiten zu den jeweiligen PIP's abgespeichert, so dass während der Lenkung iterativ der PIP berechnet werden und die entsprechenden Parameter ausgewählt werden können.

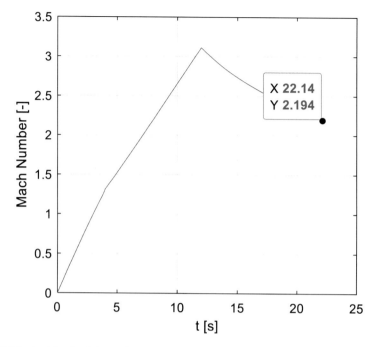

Abb. 5.17 Machzahlverlauf der optimalen Trajektorie

5.4.2 Trajectory Shaping

Ein spezielles Lenkgesetz für die Endphasenlenkung ist die Trajectory Shaping Guidance. Dieses Lenkgesetz dient der präzisen Einstellung von Treffer und terminalem Bahnwinkel. Die Forderungen lauten, dass zum Zeitpunkt des Treffers sowohl der Ortsvektor des Flugkörpers in die Zielkoordinaten überführt werden muss als auch der Bahnneigungswinkel der Vorgabe γ_D (gamma desired) entsprechen soll. Realisiert wird diese Lenkung durch einen Term der Proportionalnavigation mit der Lenkverstärkung $N = 4$ und einen zweiten „Shaping-Term", der die Abweichung des aktuellen Bahnneigungswinkels von der Vorgabe zurückführt. Die Abweichung wird multipliziert mit der Annäherungsgeschwindigkeit und einer eigenen Lenkverstärkung N_γ und dividiert durch die Restflugzeit.

$$a_c = v_c \left(N\dot{\sigma} + N_\gamma \frac{(\gamma_D - \gamma)}{t_{go}} \right) \tag{5.30}$$

Dieses Verfahren kann immer dann angewendet werden, wenn es gilt das Ziel unter einem vorgegebenen Winkel zu treffen. Es ist aber zu beachten, dass große Manöver bis zum Erreichen des Zieles notwendig sind, so dass eine gewisse Agilität benötigt wird. Für schwere Boden/Boden- bzw. Luft/Boden-Flugkörper ist diese Agilität oftmals nicht gegeben, so dass andere Lenkgesetze sinnvoll sind.

Als Simulationsbeispiel (Abb. 5.18 und 5.19) wird das bereits für die Proportionalnavigation verwendete Modell verwendet. Als zusätzliche Lenkverstärkung („Shaping-Term") wird $N_\gamma = 2$ definiert. Das Ziel befindet sich zu Missionsbeginn in 15 km x-Richtung, versetzt um 1 km in y-Richtung in einer Höhe von 10 km. Das Ziel fliegt unter einem Bahnwinkel von $-45°$ mit einer Geschwindigkeit von 283 m/s in Richtung des Startorts. Es handelt sich also um einen „Diver", d. h. ein im Sturzflug befindliches Ziel. Dieses sollte möglichst „head-on", d. h. direkt von vorn bekämpft werden. Dafür wird der Sollbahnwinkel auf $\gamma_D = 45°$ gesetzt. Der Term des Lenkgesetzes zur Einstellung des gewünschten Bahnwinkels gilt nur in der Vertikalebene. Somit wird zum inertialen Lenkkommando der folgende Ausdruck hinzuaddiert.

$$\Delta \vec{a}_c = v_c N_\gamma \frac{(\gamma_D - \gamma)}{t_{go}} \begin{pmatrix} -\sin\gamma \\ 0 \\ -\cos\gamma \end{pmatrix} \tag{5.31}$$

Dieser „Shaping Term" bezieht sich ausschließlich auf die Vertikalebene. Als Querbeschleunigungskommando steht er senkrecht auf der aktuellen Flugrichtung. Der gewünschte Effekt einer „head-on" Begegnung tritt ein. Der Preis für diese erzwungene Begegnungsgeometrie ist jedoch ein nicht unerheblicher Lenkaufwand und eine nicht zu vernachlässigende Zielablage. Die Umlenkung erfordert eine hohe Querbeschleunigung, die leicht die Grenzen des Realisierbaren erreichen kann. Dieses Verhalten ist typisch für die Trajectory Shaping Guidance, so dass flankierende Maßnahmen wie die rechtzeitige Abschaltung des Shaping-Terms vor der Begegnung mit dem Ziel sinnvoll sein können. In jedem Falle ist festzustellen,

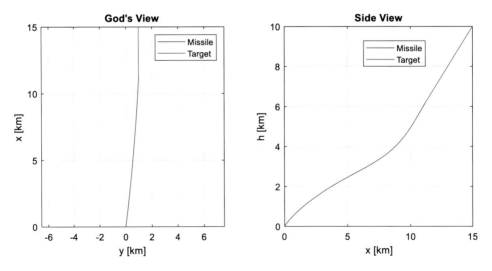

Abb. 5.18 Flugbahn mit Trajectory Shaping Guidance

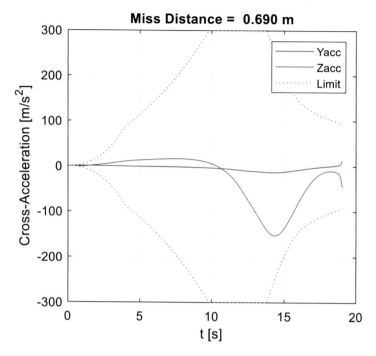

Abb. 5.19 Lenkkommandos der Trajectory Shaping Guidance

dass diese Art der Lenkung nur für agile Flugkörper mit einer deutlichen Manöverüberlegenheit geeignet ist.

5.4.3   Augmented Guidance

Wie bereits bei der Herleitung und Analyse der Lenkgesetze festgestellt, stellen Zielmanöver den größten Störeinfluss dar. Da diese in der Regel a priori unbekannt sind, gibt es kaum andere Möglichkeiten als die statische und dynamische Manöverüberlegenheit des eigenen Flugkörpers möglichst komfortabel zu gestalten. Sollte diese Manöverüberlegenheit aufgrund hochagiler Ziele nicht zu erreichen sein, dann kann eine Bekämpfung nur gelingen, wenn eine Schätzung des Zielmanövers möglich ist. Das Verfahren zur Kompensation des (bekannten) Zielmanövers ist sehr naheliegend und wird Augmented Guidance genannt. Die Überlegung ist, dass durch das Zielmanöver ein zusätzlicher Fehler entsteht.

$$\Delta \vec{Z} = \frac{\vec{a}_T}{2} t_{go}^2 \tag{5.32}$$

Diesen zusätzlichen Fehler kann man auf einfache Weise dem ZEM-Lenkgesetz aufschalten.

$$\vec{a}_c = N\frac{\vec{Z} + \Delta\vec{Z}}{t_{go}^2} = N\left(\frac{\vec{Z}}{t_{go}^2} + \frac{\vec{a}_T}{2}\right) \tag{5.33}$$

Wie leicht zu erkennen ist, kann der Term der mit der Lenkverstärkung multiplizierten halbierten Zielbeschleunigung $N\frac{\vec{a}_T}{2}$ jedem beliebigen Lenkgesetz aufgeschaltet werden. Die Schwierigkeit ist, dass die Zielbeschleunigung nur schwer zu schätzen ist. Die einzige Ausnahme bilden Ziele, deren Manöver aufgrund A-priori-Wissens bekannt sind. Dazu zählen beispielsweise ballistische Raketen, deren Trajektorien beim Wiedereintritt zu einem gewissen Grad vorhersagbar sind.

Als Simulationsbeispiel (Abb. 5.20, 5.21 und 5.22) wird ein ähnliches Ziel wie bei der Proportionalnavigation benutzt. Das Ziel befindet sich beim Start des Flugkörpers in 10 km Nordrichtung, versetzt um 1 km in Ostrichtung und fliegt mit 200 m/s in Richtung Süden. Ab der 8. Sekunde nach Start des Flugkörpers beginnt das Ziel ein Ausweichmanöver und zieht mit 10 g ($100\,\mathrm{m/s^2}$) eine Linkskurve. Die Proportionalnavigation wird von diesem Manöver überfordert. Das Lenkkommando der Proportionalnavigation kommt in die Sättigung und der Flugkörper verfehlt das Ziel (Abb. 5.21). Bei der Augmented Guidance wird das Zielmanöver der Proportionalnavigation aufgeschaltet, so dass der Flugkörper etwas eher, dafür jedoch nicht so heftig auf das Zielmanöver reagiert und das Ziel noch trifft (Abb. 5.22).

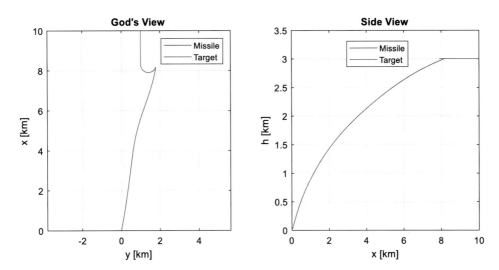

Abb. 5.20 Zielmanöver

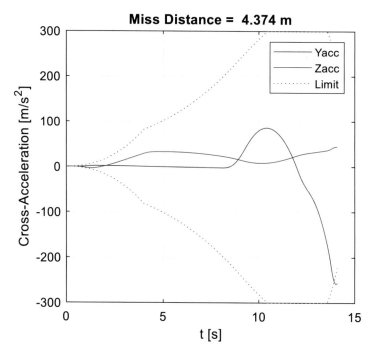

Abb. 5.21 Lenkkommando der Proportionalnavigation gegen Zielmanöver

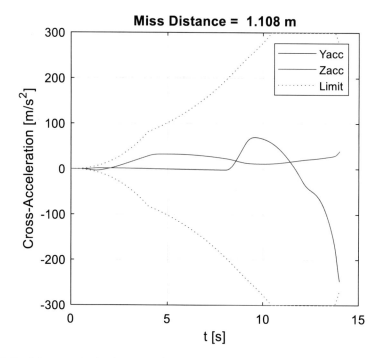

Abb. 5.22 Lenkkommando der Augmented Proportional Navigation

5.4.4 Aufschlagvorhersage

Das in Abb. 5.23 vereinfacht dargestellte Lenkgesetz der Aufschlagvorhersage basiert auf dem ZEM-Ansatz und ist insbesondere für wenig agile, beispielsweise quasi-ballistische Flugkörper gegen stationäre Ziele geeignet. Es handelt sich um ein prädiktives Lenkverfahren, da es auf einer Prädiktion des weiteren Missionsverlaufs beruht. Diese Prädiktion betrifft im Falle der Aufschlagvorhersage ausschließlich den Flugkörper, da das stationäre Ziel am gleichen Ort verbleibt. Dieses Vorgehen setzt natürlich voraus, dass die gewählten Lenkkoordinaten erdfest sind. Das Lenkverfahren nimmt die Prädiktion des Weiterfluges des Flugkörpers durch die numerische Lösung der ballistischen Differenzialgleichung in den erdfesten Lenkkoordinaten vor. Es gilt:

$$\ddot{x}_M = T_{Gk} \begin{pmatrix} -\dfrac{\rho}{2} \left\| \dot{x}_M \right\|^2 \dfrac{A_R}{m} C_{w0} \\ 0 \\ 0 \end{pmatrix} + \begin{pmatrix} 0 \\ 0 \\ g_0 \end{pmatrix} \qquad (5.34)$$

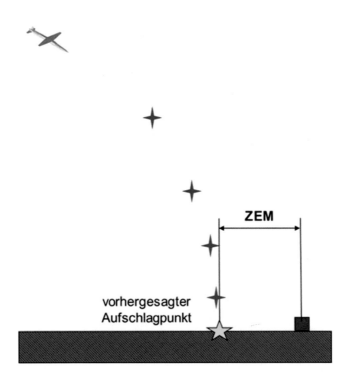

Abb. 5.23 Aufschlagvorhersage

Die Beschleunigung des Flugkörpers hängt von dem aerodynamischen Widerstand und der Gravitation ab. Wir nehmen an, dass das Triebwerk bereits ausgebrannt ist. Der Widerstand baut sich ausschließlich entgegengesetzt der Flugrichtung auf, also in negativer, bahnfester x-Richtung. Der Ausdruck $\frac{\rho}{2}\left\|\dot{\vec{x}}_M\right\|^2$ entspricht dem Staudruck. Die Luftdichte ρ und ggf. auch die Machzahl Ma sind mit einem geeigneten Atmosphärenmodell zu berechnen. Dazu reicht eine stark vereinfachte Approximation wie

$$\rho = 1{,}247015 \cdot e^{0{,}000104 \cdot z_M} \ \text{kg/m}^3 \tag{5.35}$$

völlig aus. z_M ist die z-Koordinate des Flugkörpers, also die negative Flughöhe gemessen in Metern. Der Ausdruck C_{w0} beschreibt den dimensionslosen Widerstandsbeiwert des Flugkörpers. $A_R \left[m^2\right]$ ist die Bezugsfläche. Die Gravitation g_0 kann hier vereinfacht als die bekannte Konstante angegeben werden. Diese ballistische Differenzialgleichung wird in jedem Lenkzyklus von neuem gelöst. Dazu wird beispielsweise das Runge-Kutta-Verfahren genutzt.

Die Schrittweite wird dabei so gesteuert, dass der Zeitpunkt des Bodenaufschlags nach einer vorgegebenen Anzahl von Integrationsschritten möglichst genau getroffen wird. Die in Abb. 5.23 als blaue Sterne dargestellten fünf Runge-Kutta-Integrationsschritte ($n_{RK} = 5$) reichen dabei völlig aus. Der letzte Integrationsschritt liefert den vorhergesagten Aufschlagsort. Dessen Entfernung von den tatsächlichen Zielkoordinaten entspricht dem ZEM. Die Summe aller Integrationsschritte

$$t_{go} = \sum_{i=1}^{n_{RK}} \Delta T_i \tag{5.36}$$

entspricht der Restflugzeit. Das Lenkgesetz ist bereits durch die ZEM-Lenkung gegeben und ist so direkt anwendbar.

$$\vec{a}_c = N \frac{\vec{Z}}{t_{go}^2} \tag{5.37}$$

Als Lenkverstärkung wird $N = 3$ verwendet. Das Verfahren ist, wie eingangs festgestellt, insbesondere für wenig agile Flugkörper geeignet. Der Flugkörper wird bereits lange vor dem Ziel auf eine ballistische Flugbahn gebracht, die ohne weiteren Lenkaufwand im Ziel endet. Wird die Navigation des Flugkörpers, die aufgrund des stationären Ziels den einzigen variablen Anteil der Relativgeometrie liefert, von Satelliten gestützt, dann kann es passieren, dass kurz vor dem Zielaufschlag noch eine sprungförmige Änderung der von der Navigation gelieferten Position stattfindet. Aus dieser vermeintlichen Änderung der eigenen Position und damit des ZEM um wenige Meter bei zugleich sehr kleiner t_{go} würde sich kurz vor Aufschlag noch ein großes Lenkkommando ergeben. Die Lenkschleife ist zu diesem Zeitpunkt aufgrund des kaum agilen Flugkörpers möglicherweise bereits instabil. Um jegliche Lenkmanöver zur Kompensation von Restfehlern in der Größenordnung des ohnehin zu erwartenden Navigationsfehlers zu vermeiden, wird die Lenkung rechtzeitig, zumindest aber vor Eintritt der Instabilität abgeschaltet.

Eine weitere sinnvolle Erweiterung besteht darin, das Lenkkommando in der Vertikalebene geeignet zu drehen. Wenn der Flugkörper sich beispielsweise im Apogäum befindet
und ein Reichweitenfehler abzubauen ist, dann wird das Lenkkommando in inertialer x-
Richtung erteilt und der Flugkörper kann diesem nicht sinnvoll folgen, da im Apogäum
keine Beschleunigung in der gewünschten Richtung, in diesem Falle in körperfester x-
Richtung, aufgebaut werden kann. Die Lenkung mit der Aufschlagvorhersage funktioniert
in der angegebenen Form nur für bereits relativ steil nach unten gerichtete Flugbahnen.
Durch die Drehung um

$$\gamma_{IIP} = \gamma + \frac{\pi}{2} \tag{5.38}$$

wird erreicht, dass bereits für flach verlaufende Flugbahnen sinnvolle Lenkkommandos
berechnet werden können. Mit

$$\vec{a}_c = N \frac{T_2(-\gamma_{IIP})\vec{Z}}{t_{go}^2} \tag{5.39}$$

kann bereits vor dem Apogäum eine absehbar zu kurze Reichweite durch eine Querbeschleunigung nach oben kompensiert werden (Abb. 5.24). Dabei ist jedoch zu beachten, dass der
Bahnwinkel bei einem Lenkbeginn vor dem Apogäum bereits deutlich kleiner als 45° sein
muss, da unter einem Bahnneigungswinkel von 45° unter Vernachlässigung des Luftwider-
stands bereits die maximale Reichweite erzielt wird. Erst für Bahnneigungswinkel deutlich
unterhalb 45° wird eine Einstellung der Reichweite durch die Lenkung möglich. Es ist deshalb empfehlenswert erst nach Passieren des Apogäums mit der Aufschlagvorhersage zu
beginnen. Zur Illustration wird auch für die Aufschlagvorhersage ein Simulationsbeispiel
gerechnet. Es wird das bekannte Simulationsmodell verwendet. Der Flugkörper wird gegen
ein Bodenziel mit den Koordinaten 50 km Nord und 5 km Ost gelenkt. Der Start erfolgt unter
einer Elevation von 45° in Nordrichtung. Die Lenkung wird erst nach 50 s, also lange nach
Brennschluss des Triebwerks, etwa im Apogäum aktiviert. Die Lenkung läuft in diesem Beispiel mit einer Abtastzeit von 0,1 s. Als Lenkverstärkung wird $N = 3$ verwendet. Die sich
ergebende Trajektorie ist in Abb. 5.25 dargestellt. Um Ablagen durch letzte Lenkkommandos zu unterbinden, wird die Lenkung in der letzten Flugsekunde ($t_{go} \leq 1$ s) abgeschaltet
und somit keine Querbeschleunigung mehr kommandiert. Den Kern der Lenkung bildet
der Prädiktor. Dieser ist quasi eine Vorsimulation des weiteren Flugverlaufs. Von diesem
Flugverlauf wird angenommen, dass er ballistisch erfolgt. D. h., es wirken wie in Gl. (5.34)
nur der Nullwiderstand und die Gravitation auf den Flugkörper. Die Masse des Flugkörpers bleibt nach Brennschluss des Triebwerks konstant, so dass der konstante Term des
aerodynamischen Widerstands zu einem so genannten ballistischen Koeffizienten zusammengefasst werden kann. Für diesen gilt unter Verwendung der in Anhang B verwendeten
Flugkörperdaten:

$$C_{Bal} = \frac{A_R}{m} C_{w0} \approx 2 \times 10^{-4} \text{ m}^2/\text{kg} \tag{5.40}$$

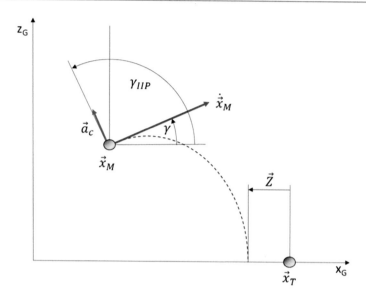

Abb. 5.24 Transformation des Beschleunigungskommandos

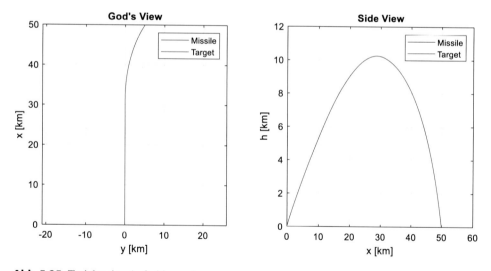

Abb. 5.25 Trajektorien Aufschlagvorhersage

Da die Gravitation die entscheidende Rolle für den weiteren Flugverlauf spielt, wird die Restflugzeit nicht wie bisher auf Basis der nicht beschleunigten Relativgeometrie, sondern unter der Annahme des freien Falles ohne Luftwiderstand bis auf die Zielhöhe abgeschätzt. Dabei wird $g = 9,81\,\text{m/s}^2$ als Erdbeschleunigung verwendet.

$$z_T - z_M = \frac{g}{2}\,\hat{t}_{go}^2 + \dot{z}_M\,\hat{t}_{go} \tag{5.41}$$

Die Lösung der quadratischen Gleichung zur Bestimmung der geschätzten Restflugzeit lautet:

$$\hat{t}_{go} = -\frac{\dot{z}_M}{g} \pm \sqrt{\left(\frac{\dot{z}_M}{g}\right)^2 + \frac{2(z_T - z_M)}{g}} \tag{5.42}$$

Für eine positive Restflugzeit kommt nur das Pluszeichen infrage, so dass die abgeschätzte Restflugzeit eindeutig ist. Mit dieser Restflugzeit wird die Schrittweite des Prädiktors gesteuert. Es wird die folgende Regel verwendet:

$$\Delta T_k = \frac{\hat{t}_{go,k}}{\sqrt{1 + n_{RK} - k}} \tag{5.43}$$

k ist der Schrittzähler während der Prädiktion. $\hat{t}_{go,k}$ ist die geschätzte Restflugzeit zu Beginn des k-ten Schrittes. Dementsprechend bezeichnen z_M und $\dot{z}_M$ in (5.42) die momentanen Flugkörperdaten für $k = 1$ bzw. die vorhergesagten Daten am Ende des $(k-1)$-ten Schrittes für $k > 1$. Für wachsendes k nimmt $\hat{t}_{go,k}$ schneller ab als der Nenner in (5.43). Auf diese Weise wird sichergestellt, dass die Prädiktion für $k = 1$ mit einem großen Schritt startet, die Schrittweite sich mit der weiteren Zielannäherung immer weiter verkleinert und der letzte Schritt für $k = n_{RK}$ der dann abgeschätzten Restflugzeit entspricht.

Die ballistische Differenzialgleichung (5.34) wird mittels Runge-Kutta-Verfahren (vgl. Anhang A, Abschn. A.4) numerisch gelöst. Dazu wird auch die benötigte Transformationsmatrix in jedem Runge-Kutta-Zwischenschritt neu aus den dann jeweils aktuellen Bahnwinkeln berechnet.

Eine Prädiktion aus einem ausgewählten Lenkzyklus, speziell die Seitenansicht auf die x/-z-Ebene ist in Abb. 5.26 dargestellt. Die Prädiktion beschränkt sich auf die geplanten fünf durch die violetten Sterne dargestellten Runge-Kutta-Integrationsschritte. Die Lenkung benötigt nur winzige Kommandos, um den Flugkörper auf die ballistische Bahn zu bringen, die ohne weiteren Aufwand im Ziel endet. Die Aussagen zur Eignung der Aufschlagvorhersage für schwere, wenig manövrierfähige Flugkörper gegen stationäre Ziele werden durch dieses Simulationsbeispiel unterstrichen (Abb. 5.27).

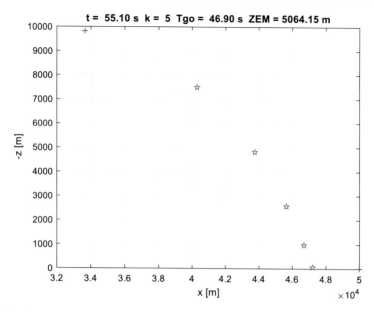

Abb. 5.26 Lenkzyklus der Aufschlagvorhersage

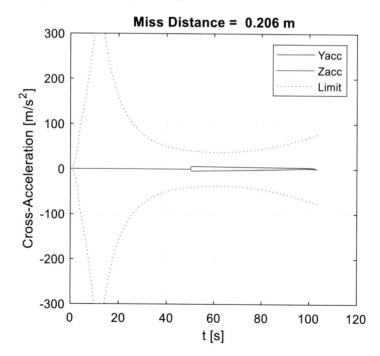

Abb. 5.27 Querbeschleunigungen der Aufschlagvorhersage

5.4.5 Prädiktive Lenkung

Hierbei handelt es sich um eine Verallgemeinerung der Aufschlagvorhersage für beliebige Ziele. Die Idee ist, dass sowohl der Weiterflug des eigenen Flugkörpers als auch der Weiterflug des Zieles prädiziert (voraus simuliert) werden, bis der Punkt der nächsten Annäherung erreicht ist und wiederum ZEM und t_{go} bestimmt werden.

Während die Vorhersage des eigenen Fluges in der Regel gut gelingt, ist es grundsätzlich schwierig das zukünftige Zielverhalten vorherzusagen. Oft sind an dieser Stelle geeignete Hypothesen basierend auf spieltheoretischen Ansätzen möglich. Ungeachtet dessen kann die Vorhersage der eigenen Beschleunigung des Flugkörpers, beispielsweise über ein steuerbares Triebwerk eine deutliche Verbesserung des Lenkergebnisses herbeiführen. Deshalb wird als Beispiel zur Erläuterung der prädiktiven Lenkung ein Boden-Luft-Flugkörper mit einem Zweipulstriebwerk gewählt.

Mehrstufige Triebwerke werden seit geraumer Zeit insbesondere für Flugkörper zur weitreichenden Luftabwehr verwendet. Auch bei einstufigen Flugkörpern zur bodengebundenen Luftabwehr wird der Antrieb üblicherweise als Boost/Sustain-Raketenmotor ausgeführt. Ein solches Triebwerk beschleunigt den Flugkörper in kurzer Zeit (Boost) auf Marschgeschwindigkeit. Die anschließende Sustain-Phase dient dem Erhalt der Marschgeschwindigkeit bis zum Brennschluss. Die Trefferleistung solcher Flugkörper wird für gewöhnlich nicht vom Antrieb beeinflusst.

Moderne Flugkörper zur Luftabwehr haben jedoch ein Triebwerk mit einer zweiten, unabhängig zündbaren Schubphase. Der Schubverlauf eines solchen Triebwerks ist in Abb. 5.28 dargestellt. Die Lenkung bestimmt den Anzündzeitpunkt der zweiten Stufe (T_2). Die zweite Stufe soll so gezündet werden, dass die Geschwindigkeit und damit die Manövrierfähigkeit des Flugkörpers zum Bekämpfungszeitpunkt maximiert werden. In diesem Anwendungsfall sollte der Schub im Lenkentwurf berücksichtigt werden. Die Proportionalnavigation ist dazu nicht geeignet, denn die Proportionalnavigation ist nur für die nicht beschleunigte Bewegung von Ziel und Flugkörper (Relativgeometrie) das optimale Lenkgesetz. Jegliche Beschleunigungen in der Relativbewegung führen zwangsläufig zu Zielablagen (Miss Distance). Auch Flugkörperbeschleunigungen senkrecht zur Sichtlinie, die nicht von der Lenkung kommandiert wurden (Schub, Widerstand), führen zu Zielablagen. Um solche plan- bzw. vorhersehbaren Beschleunigungen zu kompensieren, kann ein ZEM-Lenkgesetz

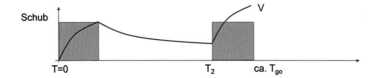

Abb. 5.28 Schubverlauf eines Zweipulstriebwerks

unter Vorhersage des ballistischen Weiterfluges von Ziel und Flugkörper formuliert werden, welches die zu erwartende Zündung der zweiten Triebwerksstufe explizit berücksichtigt.

Die Schwierigkeit der Proportionalnavigation hinsichtlich der zweiten Triebwerksstufe ist in Abb. 5.29 illustriert. Wenn vor Zündung der zweiten Triebwerksstufe der Kollisionskurs bereits hergestellt ist, dann wird die Proportionalnavigation von der Zündung der zweiten Triebwerksstufe quasi „überrascht". Die Zündung der zweiten Stufe wirkt auf die Lenkschleife als Störung. Es entsteht eine senkrecht auf der Sichtlinie stehende Beschleunigung, die dazu führt, dass sich die Sichtlinie dreht und der PIP in Richtung des Ziels wandert. Darum ist ein Lenkkommando notwendig, um den Kollisionskurs wiederherzustellen. Eine zusätzliche Zielablage entsteht und kann bei Überlagerung mit einem Zielmanöver zum Scheitern der Mission führen. Das zusätzliche Lenkkommando kann durch einen prädiktiven Lenkansatz vermieden werden. Ein ZEM-basiertes Lenkgesetz kann aufgestellt werden, welches den Flugkörper in Richtung des endgültigen PIP lenkt. Das Lenkgesetz prädiziert die nächste Annäherung zwischen Flugkörper und Ziel unter Berücksichtigung des geplanten Schubverlaufs, des aerodynamischen Widerstands und der Gravitation.

Es wird genau wie bei der Aufschlagvorhersage in jedem Lenkzyklus eine Prädiktion durchgeführt. Hier jedoch wird nicht nur der eigene Flugkörper, sondern auch das Ziel prädiziert. Der Zustandsvektor für die Prädiktion enthält die Positions- und Geschwindigkeitsvektoren von Ziel und Flugkörper im gewählten Lenkkoordinatensystem und hat somit 12 Elemente.

Der prinzipielle Ablauf der ZEM-Lenkung ist in Form eines Ablaufdiagramms in Abb. 5.30 dargestellt Als Eingabedaten dienen der Flugzustand des Zieles, welcher aus einer geeigneten Multi-Sensor-Datenfusion der gerade verfügbaren Sensoren zur Zielvermessung gewonnen wird (vgl. Anhang A, Abschn. A.1) sowie der Flugzustand des eigenen Flugkörpers aus der Navigationsrechnung (z. B. Strap-Down-Algorithmus, vgl. Anhang A, Abschn. A.2). Der eigentliche Prädiktionsalgorithmus läuft in einer while-Schleife ab, die

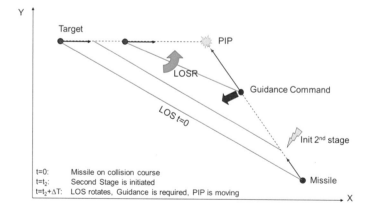

Abb. 5.29 Proportionalnavigation bei Zweipulstriebwerk

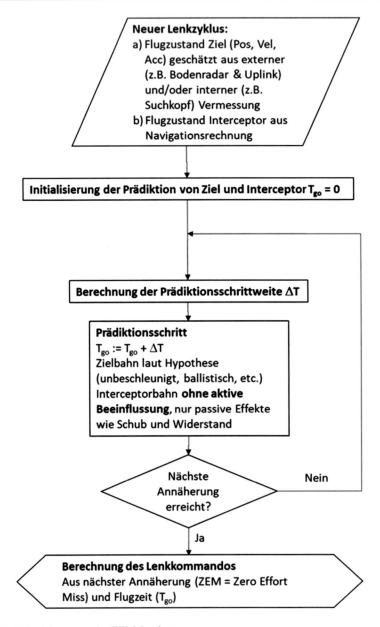

Abb. 5.30 Ablaufdiagramm der ZEM-Lenkung

bei Erreichen des kleinsten Abstands zwischen Ziel und Flugkörper (ZEM) verlassen wird. Die Festlegung einer fixen Anzahl von Schritten wie bei der Aufschlagvorhersage kann hier nicht mehr getroffen werden. Deshalb muss in der Implementierung dafür gesorgt werden, dass die Vorhersage bequem in der verfügbaren Rechenzeit eines Lenkzyklus beendet werden kann. Eine Möglichkeit dazu ist die Begrenzung der maximalen Iterationsanzahl. Zuerst wird die Schrittweite für den nächsten Prädiktionsschritt k festgelegt. Für die Schrittweitensteuerung werden die folgenden Kriterien verwendet:

$$\Delta T(k) = \max \left\{ \Delta T_{min}, \min \left\{ \Delta T_{max}, \Delta T_{Thrust}, \hat{t}_{go}(k-1) \right\} \right\} \qquad (5.44)$$

Der Term $\hat{t}_{go}(k-1)$ bezeichnet die geschätzte Restflugzeit im Schritt $k-1$. $\hat{t}_{go}(k-1)$ ist der Zeitpunkt der nächsten Annäherung gemäß Gl. (1.13).

$$\hat{t}_{go}(k-1) = -\frac{\vec{R}(k-1)^T \cdot \dot{\vec{R}}(k-1)}{\dot{\vec{R}}(k-1)^T \cdot \dot{\vec{R}}(k-1)} \qquad (5.45)$$

Im Normalfall wird $\hat{t}_{go}(k-1)$ als Schrittweite verwendet. Die untere Grenze ΔT_{min} dient dazu eine minimale Schrittweite im Sinne endlicher Rechenzeiten sicherzustellen. Die obere Grenze ΔT_{max} soll eine hinreichende Genauigkeit der Prädiktion sicherzustellen. Schließlich gehen noch die Zeitintervalle bis zur Anzündung bzw. zum Verlöschen der Triebwerksstufen ΔT_{Thrust} in die Berechnung der Schrittweite ein. Auf diese Weise wird auf jedes „Triebwerksereignis" genau ein Prädiktionsschritt gelegt. Dies gilt genauso für weitere, flexibel verfügbare Triebwerkspulse. Gl. (5.44) gilt, so lange $\hat{t}_{go}(k-1) > \Delta T_{min}$ ist. Sollte die Abschätzung (5.45) der Restflugzeit bereits kleiner als die minimale Schrittweite sein, so wird ein letzter Schritt mit der abgeschätzten Restflugzeit durchgeführt und anschließend die while-Schleife verlassen. Auf diese Weise wird verhindert, dass sich negative Restflugzeiten bzw. Integrationsschrittweiten ergeben.

Die rechte Seite des Differenzialgleichungssystems wird gemäß Runge-Kutta Verfahren (vergl. Anhang A) für jeweils vier Zwischenschritte berechnet. Mit diesen Ableitungen wird das Differenzialgleichungssystem integriert. Der Schub und die Masse werden zeitschrittgenau bestimmt. Zur Bestimmung der Masse werden das Produkt aus dem aktuellen Schub und der verbleibenden Brenndauer der aktuellen Stufe dividiert durch den spezifischen Impuls, sowie die Massen der noch nicht aktivierten Stufen inklusive der Leermasse verwendet. Aus der Flughöhe des Interceptors wird die Luftdichte wieder über ein einfaches exponentielles Atmosphärenmodell approximiert, z. B. (5.35). Der aerodynamische Widerstand berechnet sich vektoriell aus der Luftdichte, der Flugkörpergeschwindigkeit und dem Widerstandsbeiwert. Hier wird der Nullbeiwert verwendet, da die zukünftigen Lenkmanöver nicht bekannt sind bzw. durch die ZEM-Lenkung ohnehin minimiert werden sollen.

Schub und Widerstand werden mit Kenntnis der Bahnwinkel entlang der Bahn des Flugkörpers transformiert. Somit setzt sich die zur Prädiktion verwendete Beschleunigung des Interceptors aus Widerstand, Schub und Gravitation zusammen. Damit kann die Aktualisierung der Zustände des Interceptors erfolgen.

Die Vorhersage des Zieles wird in Ermangelung besserer Informationen als geradlinig gleichförmige Bewegung angenommen. Sollte jedoch A-priori-Wissen zum Zielmanöver vorliegen, so kann und sollte dieses in der Prädiktion berücksichtigt werden.

Das Simulationsbeispiel verwendet ein Ziel, das sich zum Zeitpunkt des Flugkörperstarts in 8 km nördlicher Richtung, versetzt um 5 km in westlicher Richtung in 5000 m Höhe befindet. Das Ziel fliegt mit 300 m/s in Richtung Nordosten. Ab der 14. Flugsekunde beginnt das Ziel ein 5 g-Manöver nach oben. Der Flugkörper startet unter einer Elevation von 45° in Richtung Norden und verfügt über eine separat zu zündende zweite Triebwerksstufe. Das Triebwerk entspricht dem Beispielmodell. Lediglich die Sustainstufe wurde in der Mitte getrennt. Die Lenkung zündet den zweiten Triebwerkspuls, sobald eine Restflugzeit von 5 s unterschritten wird. Da dieser Puls für 4 s Schub liefert, wird der Treffer eine Sekunde nach Brennschluss des zweiten Pulses erwartet.

Die Trajektorien zu diesem Simulationsbeispiel sind in Abb. 5.31 dargestellt. Das Ziel wird erkennbar mitten im Manöver getroffen. Der Verlauf der Machzahl in Abb. 5.32 zeigt die Zündung der zweiten Stufe planmäßig nach 13,3 s. Die Machzahl und damit die Manövrierfähigkeit des Flugkörpers nehmen also kurz vor dem Treffer deutlich zu. Damit hat der Flugkörper genug Reserven, um dem Zielmanöver zu begegnen. Dem Flugkörper gelingt ein Treffer mit einer akzeptablen Ablage. Der Vorteil des prädiktiven Lenkverfahrens wird anhand des Vergleichs mit der Proportionalnavigation (Abb. 5.33, 5.34 und 5.35) deutlich. Die Proportionalnavigation erlebt die Zündung der zweiten Triebwerksstufe bei $t = 13,3$ s als Störung und muss bereits mit einem Lenkkommando reagieren. Das zusätzliche Zielmanöver ab $t = 14$ s überfordert die Lenkung. Die Querbeschleunigung gerät ans Limit und das Ziel wird verfehlt. Der Trajektorie ist außerdem anzusehen, dass zunächst ein viel zu großer Vorhalt eingestellt wird. Dieser beruht auf der zunächst zu geringen Annäherungsgeschwindigkeit.

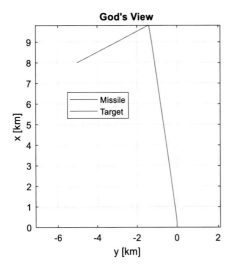
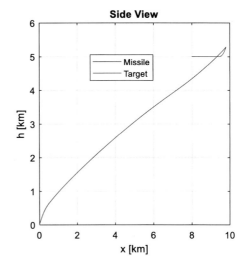

Abb. 5.31 Trajektorien mit ZEM-Lenkung

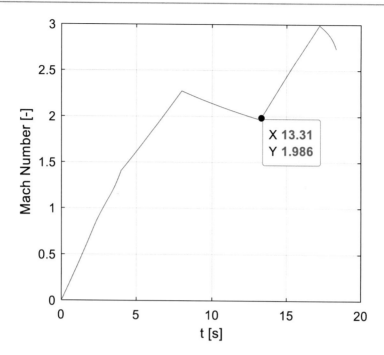

Abb. 5.32 Machzahlverlauf für ZEM-Lenkung

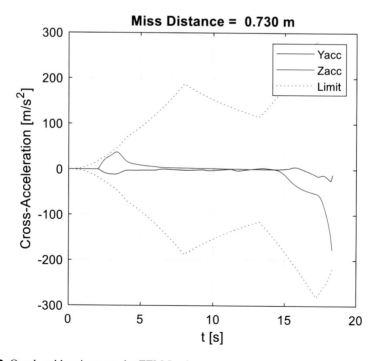

Abb. 5.33 Querbeschleunigungen der ZEM-Lenkung

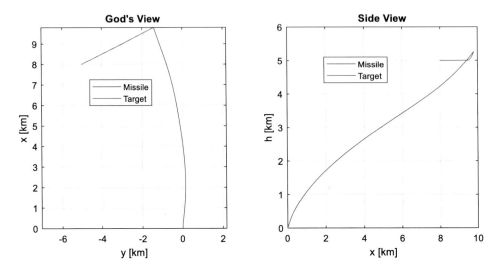

Abb. 5.34 Trajektorie mit Proportionalnavigation

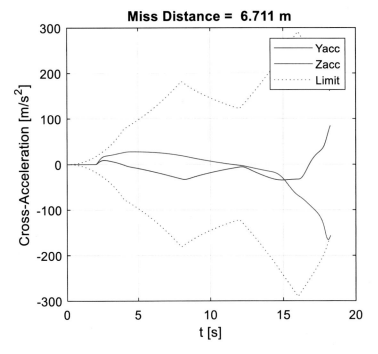

Abb. 5.35 Querbeschleunigung mit Proportionalnavigation

5.4.6 Modellprädiktive Lenkung

Zur Lenkung gegen Ziele in großer Entfernung bei entsprechend langen Missionszeiten und unbekannten Zielmanövern stoßen die bislang beschriebenen Lenkverfahren an ihre Grenzen. Stets liegen der Formulierung eines Lenkgesetzes Annahmen und Vereinfachungen zugrunde, die in diesen Anwendungsfällen nicht mehr erfüllt werden. Das nachfolgend dargestellte Lenkverfahren versucht diese Grenze zu überwinden, indem eine repetierend durchgeführte Optimierung die Lenkung permanent an die aktuelle Lenksituation anpasst. Dieses Verfahren ist zur Anwendung in der Midcourse-Lenkung gedacht und entspricht gedanklich der Kombination aus der im Abschn. 5.4.1 beschriebenen Bahnoptimierung und der im Abschn. 5.4.5 beschriebenen prädiktiven Lenkung. Methodisch ist das Verfahren an die modellprädiktive Regelung (Model Predictive Control = MPC) angelehnt.

Die Midcourse-Lenkung erfolgt üblicherweise gegen einen feststehenden PIP. Auf diese Weise kann eine optimale Trajektorie vorab (offline) bestimmt und anschließend abgeflogen werden. Diese Vorgehensweise bildet die Grundlage des in Abschn. 5.4.1 beschriebenen Verfahrens. Sollte die Prämisse eines feststehenden PIP nicht mehr gegeben sein, so ist ein neuer Ansatz im Sinne multipler PIPs bzw. einer Predicted Intercept Zone (PIZ) sinnvoll.

Wenn der PIP nicht feststeht, weil vom Ziel während der Bekämpfung Manöver bzw. Änderungen des bekannten und bereits in die Prädiktion eingeflossenen Manövers zu erwarten sind, dann erscheint es zunächst geschickt, weitere mögliche PIPs bereits in der Lenkung zu berücksichtigen. Leider zeigt schon ein ganz einfaches Gedankenexperiment, dass dies ohne jedes A-priori-Wissen zum Zielmanöver nicht notwendigerweise auch sinnvoll ist. Befindet sich beispielsweise der Flugkörper (Interceptor) bereits auf Kollisionskurs zum Ziel, dann gibt es kaum eine bessere Alternative als diesen Kurs beizubehalten, denn die Ausweichbewegung des Ziels könnte genauso gut nach links wie nach rechts, nach oben oder unten erfolgen. Oder, anders ausgedrückt, der aktuelle PIP liegt im Zentrum der Unsicherheit des angesichts eines erwarteten Zielmanövers tatsächlichen Bekämpfungspunktes. Anders sieht es aus, wenn A-priori-Wissen zu einem Zielmanöver vorliegt. Wenn beispielsweise ein hypersonischer Wiedereintrittskörper (Hypersonic Glide Vehicles [HGV]) sich auf dem Gleitpfad in der Stratosphäre befindet, ist es sehr wahrscheinlich, dass er zur Bekämpfung eines Zieles in den Sturzflug übergehen wird. Sind die potenziellen Angriffsziele bekannt, so lassen sich multiple alternative PIPs angeben. In ähnlicher Weise kann bei einem im Anflug befindlichen Flugzeug von einem Ausweichmanöver ausgegangen werden, sobald ein Interceptor gestartet wurde. Da es sehr unwahrscheinlich ist, dass das Flugzeug sich im direkten Anflug auf das Startgerät des Interceptors befindet, ergibt sich zwangsläufig eine Vorzugsrichtung für das Ausweichmanöver. Sehr wahrscheinlich ist auch eine Schuberhöhung während des Ausweichmanövers. Mit diesem A-priori-Wissen ließen sich auch in diesem Falle alternative PIPs angeben. Noch wirkungsvoller wird dieser Ansatz, wenn das Zielmanöver bereits eingeleitet wurde. Denn dann lässt sich in Verbindung mit entsprechendem A-priori-Wissen eine noch bessere Vorhersage des zu erwartenden Bekämpfungsortes treffen.

Diese simple Feststellung impliziert jedoch umfangreiche systemtechnische Konsequenzen. Es ist zu entscheiden, woher das der Prädiktion zugrundeliegende A-priori-Wissen kommt und wie es verwendet wird. Im Zusammenhang mit einem zukünftigen Waffensystem müssen diese Zusammenhänge sich unbedingt in den Anforderungen an den Systementwurf wiederfinden.

Legt man den weiteren Betrachtungen die Annahme zugrunde, dass es gelingt, eine repräsentative Menge von PIPs zu generieren, wobei diese sinnvollerweise mit einer zugehörigen Restflugzeit und Wahrscheinlichkeit angegeben werden, so bildet diese PIP-Menge die Basis für eine alternative Lenkstrategie. Wenn beispielsweise ein Zielmanöver beobachtet bzw. geschätzt wird, dann könnte eine Prädiktionsstrategie darin bestehen, die Fortsetzung des beobachteten Zielmanövers bis zu einem vermutlichen Endpunkt dieses Manövers zu unterstellen. So ist bei einem Flugzeug, das in einen harten Kurvenflug übergeht, nicht notwendigerweise davon auszugehen, dass es diesen bis zum Zeitpunkt der Bekämpfung fortsetzen wird. Eher ist zu vermuten, dass das Flugzeug seinen Kurvenflug beendet, sobald die Tail-On-Geometrie zum Interceptor erreicht ist.

Für solche Hypothesen zur zukünftigen Zielbewegung dürfte es sinnvoll sein, den hier dargestellten Ansatz der modellprädiktiven Lenkung zu verwenden. Das gilt umso mehr, wenn neben der Querbeschleunigung weitere Eingriffsmöglichkeiten der Lenkung wie ein zweiter Antriebspuls (Zweipulstriebwerk) oder gar die Regelung des Schubverlaufs (Turbine, Ramjet) verfügbar sind. Mit Hilfe der Optimierung können für jede Hypothese die geeignete Trajektorie und der zugehörige PIP bestimmt werden.

Der prinzipielle Ablauf der modellprädiktiven Lenkung ist in Abb. 5.36 dargestellt. Wie auch bei der ZEM-Lenkung werden als Eingabedaten der Flugzustand des Zieles, welcher aus einer geeigneten Multi-Sensor-Datenfusion der gerade verfügbaren Sensoren zur Zielvermessung gewonnen wird (vgl. Anhang A, Abschn. A.1), sowie der Flugzustand des eigenen Flugkörpers aus der Navigationsrechnung (z. B. Strapdown-Algorithmus, vgl. Anhang A, Abschn. A.2) verwendet.

Sollte der erste Lenkzyklus durchlaufen werden, so werden die zu optimierenden Steuerparameter zur aktiven Beeinflussung der Flugbahn auf geeignete Anfangswerte initialisiert. Für jeden späteren Lenkzyklus werden die optimierten Steuerparameter aus dem letzten Lenkzyklus als Startwerte übernommen. Mit diesen Startwerten für die zu optimierenden freien Steuerparameter beginnt der Lenkalgorithmus die eigentliche Parameteroptimierung.

Zur Berechnung des Gütekriteriums (Zielfunktion) wird jeweils eine vollständige Prädiktion der Flugbahnen von Ziel und Flugkörper durchgeführt. Im Unterschied zur ZEM-Lenkung gehen in diese Prädiktion die freien Steuerparameter zur Beeinflussung der Flugbahn mit ein. Beispielsweise werden die für den restlichen Flugbahnverlauf geplanten Querbeschleunigungen und der aus diesen resultierende aerodynamische Widerstand entlang der Flugbahn explizit in der Vorhersage berücksichtigt. Es wird also eine Prädiktion des gelenkten Fluges durchgeführt. Durch eine geschickte Steuerung der Schrittweite der zugrundeliegenden Runge-Kutta-Integration (vgl. Anhang A, Abschn. A.4) wird erreicht, dass mit

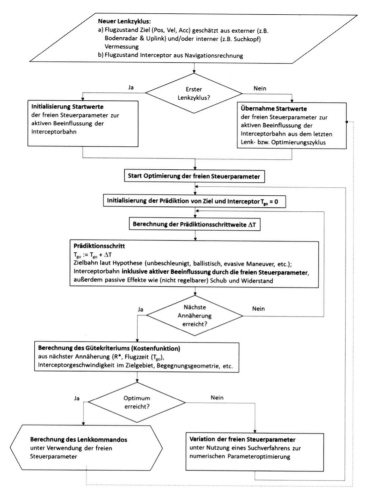

Abb. 5.36 Ablaufdiagramm der modellprädiktiven Lenkung

einer minimalen Anzahl von Integrationsschritten alle Ereignisse bzw. Umschaltzeitpunkte während der Vorhersage präzise abgetastet werden.

Sobald die nächste Annäherung zwischen Flugkörper und Ziel erreicht wird, bricht die Prädiktion ab. Aus den Zustandsgrößen am Ende der Prädiktion wird die Gütefunktion berechnet. Das Suchverfahren (vgl. Anhang A, Abschn. A.3) überprüft, ob ein Abbruchkriterium für die Suche erfüllt ist. Solange dies nicht der Fall ist, variiert das Suchverfahren die freien Steuerparameter und die Prädiktion wird erneut durchgeführt.

Mit Erreichen des Optimums bzw. Abbruch der Suche wird aus den bis dahin bestimmten optimalen Steuerparametern das Lenkkommando berechnet. Im Weiteren soll das Verfahren anhand eines ausgewählten Realisierungsbeispiels dargestellt werden. Dabei gilt es, einen Flugkörper zur bodengebundenen Luftabwehr gegen ein weit entferntes Ziel in großer Höhe zu lenken. Es wird der gleiche Flugkörper wie in Abschn. 5.4.5 verwendet. Dieser Flugkörper verfügt über ein Zweipulstriebwerk, wobei der erste Puls aus einem Boost und einem Sustain-Anteil besteht. Die Zündung des zweiten Pulses ist jetzt nicht mehr starr an die Restflugzeit gebunden, sondern wird als freier zu optimierender Steuerparameter verwendet. Ebenso wird nicht mehr das aktuelle Lenkkommando berechnet, sondern der Verlauf der beiden bahnfesten Querbeschleunigungskomponenten a_y und a_z vom aktuellen Zeitpunkt bis zur nächsten Annäherung an das Ziel. Die konstanten Werte von a_y und a_z in den einzelnen Teilintervallen werden als freie Steuerparameter verwendet. Dazu wird der Verlauf der Lenkkommandos (Querbeschleunigungen), wie in Abb. 5.37 dargestellt, in drei gleichlange zeitliche Abschnitte unterteilt. Die aktuelle Flugzeit wird dabei als t_F bezeichnet. Diese Unterteilung entspricht einer zeitvarianten Diskretisierung des Lenkkommandos, wobei jedes Intervall ein Drittel der Restflugzeit lang ist und sich dementsprechend mit jedem Lenkzyklus verkleinert. In jedem Lenkzyklus bilden diese Steuerparameter der Lenkverläufe sowie der Zündzeitpunkt für den zweiten Puls T_{Ign2} die sieben zu optimierenden Parameter. Es gilt:

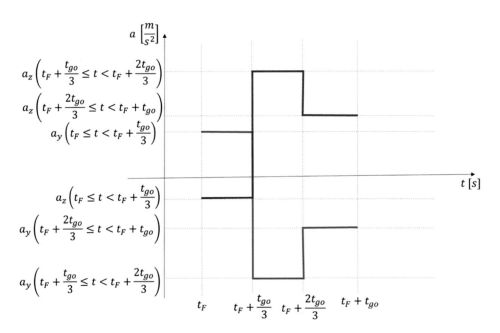

Abb. 5.37 Unterteilung des Lenkverlaufs

$$\vec{X} = \begin{pmatrix} a_y\left(t_F \le t < t_F + \dfrac{t_{go}}{3}\right) \\ a_y\left(t_F + \dfrac{t_{go}}{3} \le t < t_F + \dfrac{2t_{go}}{3}\right) \\ a_y\left(t_F + \dfrac{2t_{go}}{3} \le t < t_F + t_{go}\right) \\ a_z\left(t_F \le t < t_F + \dfrac{t_{go}}{3}\right) \\ a_z\left(t_F + \dfrac{t_{go}}{3} \le t < t_F + \dfrac{2t_{go}}{3}\right) \\ a_z\left(t_F + \dfrac{2t_{go}}{3} \le t < t_F + t_{go}\right) \\ T_{Ign2} \end{pmatrix} \tag{5.46}$$

Dieser Parametervektor ist in jedem Lenkzyklus gemäß einer geeignet gewählten Gütefunktion zu optimieren. Selbstredend wird der Anzündzeitpunkt für den zweiten Puls nur solange in die Optimierung einbezogen, bis dieser in der Vergangenheit liegt, d. h. der zweite Puls bereits gezündet wurde. Als zu minimierendes Gütekriterium wird

$$Q(\vec{X}) = \frac{\vec{R}_*^T \cdot \vec{R}_*}{t_{go}} + W_t \cdot t_{go} - \sqrt{\vec{v}_{M*}^T \cdot \vec{v}_{M*}} \tag{5.47}$$

verwendet (vgl. auch das Gütekriterium (5.29)). Dabei bezeichnet $\vec{R}_*$ die Sichtlinie und $\vec{v}_{M*}$ den Geschwindigkeitsvektor des Flugkörpers, jeweils am Ende der Prädiktion ($t = t_{go}$). Der erste Term des Gütekriteriums „bestraft" die quadratische Zielablage, gewichtet mit der reziproken Restflugzeit. D. h., je näher das Missionsende kommt, desto härter wird die prognostizierte Zielablage bestraft. Der zweite Term „bestraft" die Restflugzeit gewichtet mit einem Strafkostenparameter W_t. Damit sollen eine möglichst kurze Missionsdauer und damit eine möglichst schnelle Bekämpfung des Ziels erzwungen werden. Der dritte Term „belohnt" eine hohe Geschwindigkeit des Flugkörpers am Missionsende. Als heuristisch gewähltes Gewicht für die Restflugzeit wurde im Realisierungsbeispiel $W_t = 50$ verwendet. Das bedeutet, dass eine Sekunde Restflugzeit gleich bewertet wird wie 50 m/s Flugkörpergeschwindigkeit am Missionsende. Das heißt, dass eine Sekunde Einsparung bei der Flugzeit mit einem Geschwindigkeitsverlust von 50 m/s am Missionsende „erkauft" werden kann.

In der Gestaltung des Gütekriteriums liegt die eigentliche Gestaltungsfreiheit bei diesem Verfahren. Es kann weitere Terme enthalten wie beispielsweise die Forderung nach Einhaltung einer maximalen Gipfelhöhe oder die Einhaltung eines gewünschten Begegnungswinkels mit dem Ziel.

Bei der Prädiktion kommt es darauf an, die Anzahl der Runge-Kutta-Integrationsschritte minimal zu halten, zugleich aber präzise auf alle „Ereignisse" einen Integrationsschritt

zu legen. Diese Anforderung wird durch eine geschickte Schrittweitensteuerung bewerk-
stelligt, die sowohl die Triebwerksereignisse (Zündung, Umschaltung, Abbrand) als auch
die Umschaltung zwischen den Lenkkommandos nach jeweils 1/3 und 2/3 der Restflugzeit
berücksichtigt. Zusätzlich wird eine geeignete Hypothese zum Zielmanöver verwendet. Dem
Ziel wird unterstellt, es würde manövrieren, um einer Bekämpfung durch den betrachteten
Flugkörper zu entgehen (evasive maneuver). Dazu wird zunächst die Flugbahnwinkelände-
rung des Ziels geschätzt. Durch die zeitliche Ableitung der Bahnwinkelgleichungen (1.16)
und (1.17) ergibt sich unter Verwendung der geschätzten Zustandsgrößen des Ziels:

$$\dot{\chi}_T = \frac{\ddot{y}_T \dot{x}_T - \dot{y}_T \ddot{x}_T}{\dot{x}_T^2 + \dot{y}_T^2} \tag{5.48}$$

und

$$\dot{\gamma}_T = \frac{\dot{z}_T \dfrac{\dot{x}_T \ddot{x}_T + \dot{y}_T \ddot{y}_T}{\sqrt{\dot{x}_T^2 + \dot{y}_T^2}} - \ddot{z}_T \sqrt{\dot{x}_T^2 + \dot{y}_T^2}}{\dot{x}_T^2 + \dot{y}_T^2 + \dot{z}_T^2} \tag{5.49}$$

Die Norm dieser beiden Ableitungen wird einem Signifikanztest unterzogen. Überschreitet
diese Norm einen frei gewählten heuristischen Schwellwert, so wird das Manöver als signi-
fikant betrachtet und in der Prädiktion fortgesetzt. Dabei wird dem Ziel unterstellt, dass es
seine Bahnwinkeländerungen solange fortsetzt, bis der Winkel zwischen der Sichtlinie und
dem Geschwindigkeitsvektor des Ziels minimal wird. Solange diese Bedingung nicht erfüllt
ist, gilt für die prädizierte Zielbeschleunigung in Guidance-Koordinaten.

$$\vec{a}_T = \begin{pmatrix} -\dot{y}_T \dot{\chi}_T - \tan \gamma_T \cdot \dot{x}_T \cdot \dot{\gamma}_T \\ \dot{x}_T \dot{\chi}_T - \tan \gamma_T \cdot \dot{y}_T \cdot \dot{\gamma}_T \\ -\sqrt{\dot{x}_T^2 + \dot{y}_T^2} \cdot \dot{\gamma}_T \end{pmatrix} \tag{5.50}$$

(5.50) ist ganz allgemein die Querbeschleunigung eines Luftfahrzeugs in Guidance-
Koordinaten. Die Bedingung für das Ende des Zielmanövers ist erfüllt, wenn der Winkel
zwischen Sichtlinie und Zielgeschwindigkeit minimal wird, d. h. wenn das Skalarprodukt
der Einheitsvektoren von Sichtlinie $\vec{e}$ und Zielgeschwindigkeit $\vec{e}_{vT}$

$$\Gamma = \vec{e}^T \vec{e}_{vT} = \frac{\vec{R}^T \vec{v}_T}{\sqrt{\vec{R}^T \vec{R}} \cdot \sqrt{\vec{v}_T^T \vec{v}_T}} \tag{5.51}$$

sein Maximum annimmt. Durch Anwendung der Produktregel erhält man

$$\dot{\Gamma} = \dot{\vec{e}}^T \vec{e}_{vT} + \vec{e}^T \dot{\vec{e}}_{vT} \tag{5.52}$$

mit den Ableitungen der Einheitsvektoren

$$\dot{\vec{e}}_{vT} = \frac{\vec{a}_T}{\sqrt{\vec{v}_T^T \vec{v}_T}} - \frac{\vec{a}_T^T \vec{v}_T}{\left(\vec{v}_T^T \vec{v}_T\right)^{\frac{3}{2}}} \vec{v}_T \,, \tag{5.53}$$

$$\dot{\vec{e}} = \frac{\dot{\vec{R}}}{\sqrt{\vec{R}^T \vec{R}}} - \frac{\dot{\vec{R}}^T \vec{R}}{\left(\vec{R}^T \vec{R}\right)^{\frac{3}{2}}} \vec{R}. \tag{5.54}$$

Sobald die Ableitung $\dot{\Gamma}$ negativ wird, wird das Zielmanöver von der Prädiktion als abgeschlossen betrachtet. Diese Art der Vorhersage der Zielbeschleunigung stellt einen Worst-Case-Ansatz dar, da das Ziel sein Manöver fortsetzt, bis die aus Sicht des Flugkörpers ungünstigste Relativgeometrie einstellt wurde. Die modellprädiktive Lenkung versucht daraufhin, eine Trajektorie für den Flugkörper zu finden, die auch dann noch optimal hinsichtlich des gewählten Kriteriums entsprechend Gl. (5.47) ist. Es ergibt sich eine Trajektorie, die auch dann noch das Ziel entsprechend der Gewichtung der Teilkriterien mit maximaler Geschwindigkeit und nach kürzest möglicher Flugzeit trifft. Jede frühere oder spätere Beendigung des Zielmanövers würde zu einem PIP führen, der für den Flugkörper eher zu erreichen ist.

An dieser Stelle soll ein Simulationsbeispiel zu diesem Lenkverfahren diskutiert werden. Die überlegene Leistung dieses vergleichsweise aufwändigen Verfahrens wird bei Missionen gegen weit entfernte, manövrierende Ziele deutlich. Während die bisher diskutierten Verfahren versuchen permanent den Kollisionskurs herzustellen bzw. den ZEM zu minimieren, wird hier explizit nach der in optimaler Weise von den Steuerparametern beeinflussten Trajektorie gesucht. Im gewählten Beispiel (auf Basis des bereits mehrfach verwendeten Flugkörpermodells) fliegt ein Ziel mit 200 m/s in südlicher Richtung. Es befindet sich zu Missionsbeginn 40 km nördlich und 1 km westlich vom Startort des Flugkörpers in 10 km Höhe. Nach 15 s wird das Ziel eine Linkskurve mit 3 g Querbeschleunigung fliegen und diese nach weiteren 12 s beenden, wenn der Kurs in etwa östliche Richtung verläuft. Das Ziel versucht also ein Fluchtmanöver. Die Hypothese zum Zielmanöver widerspricht dem realen Fluchtmanöver, da ein Ausweichen in Richtung Norden (worst case) prognostiziert wird.

Der Zustand der Lenkung zu Missionsbeginn nach 3 Flugsekunden wird in Abb. 5.38 dargestellt. Noch manövriert das Ziel nicht, so dass ein geradlinig gleichförmiger weiterer Flugverlauf vorhergesagt wird. Die beiden oberen Diagramme zeigen den Verlauf der Prädiktion nach Abschluss der Optimierung. Das linke obere Diagramm zeigt die x/-z (North/Up) und das rechte die y/x-Ebene (Draufsicht). Die roten Pluszeichen zeigen die einzelnen Prädiktionsschritte für den Flugkörper, die blauen Pluszeichen stellen das Ziel dar, welches zu dieser Zeit nicht manövriert. Die Angabe $k = 16$ besagt, dass zu dieser Prädiktion 16 Runge-Kutta-Integrationsschritte benötigt wurden. Das untere Diagramm zeigt den Verlauf der Lenkkommandos, wobei die rote Kurve das bahnfeste Kommando in z-Richtung und die

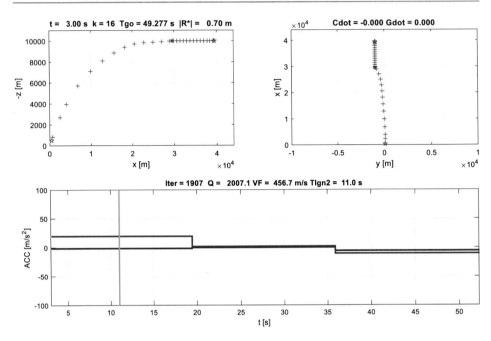

Abb. 5.38 Zustand der Lenkung zu Missionsbeginn

blaue Kurve das bahnfeste Kommando in y-Richtung darstellt. Der Lenkverlauf bedeutet ein moderates Drücken der Flugbahn mit ca. 2 g, wobei eine leichte Überhöhung der Flugbahn erwartet wird. Die grüne Linie bezeichnet den Anzündzeitpunkt für den zweiten Puls, der bei Flugzeit 11 s erwartet wird.

Die Restflugzeit wird mit ca. 49 s abgeschätzt, so dass eine Gesamtflugzeit von etwa 52 s erwartet wird. Die Vorhersage besagt, dass der Flugkörper mit einer Geschwindigkeit von ca. 457 m/s beim Ziel ankommen wird. Das Gütekriterium am Ende der Optimierung hat einen Wert von etwa 1907. Die Optimierung hat insgesamt 2001 Iterationen und damit Prädiktionen benötigt. Die Zahl bezieht sich auf den ersten Lenkzyklus, wo die Optimierung von automatisch erzeugten Startwerten ausgeht. Dies stellt einen nicht zu unterschätzenden Rechenaufwand dar. Bei einer realen Implementierung ist es wichtig, sowohl die Anzahl der Runge-Kutta-Schritte in jeder Prädiktion als auch die Anzahl der Suchschritte geeignet zu begrenzen, um einen Echtzeitbetrieb sicherstellen zu können.

Das Ziel beginnt sein Manöver nach 15 s. Der Zustand der Lenkung nach 16 s ist in Abb. 5.39 dargestellt. Die Lenkung hat sich bereits auf das prognostizierte Zielmanöver eingestellt. Die Optimierung hat nur noch knapp 250 Iterationen zur Verbesserung der bestehenden Lösung benötigt. Das prädizierte Zielmanöver wird durch die blauen x-Symbole dargestellt. Mit der in Gl. (5.52) genannten Bedingung wird die Prognose des Zielmanövers beendet und ein Geradeausflug, dargestellt durch blaue Pluszeichen, prädiziert. Es wird eine deutlich überhöhte Flugbahn gewählt, wobei sich die erwartete Gesamtflugzeit auf ca. 80 s

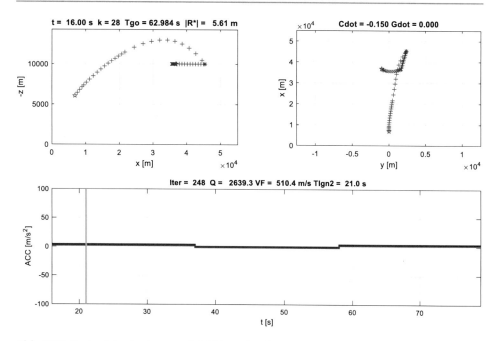

Abb. 5.39 Zustand der Lenkung nach 16 Flugsekunden

erhöht. Der Flugkörper befindet sich bereits auf einer quasi-ballistischen Bahn. Die Zündung des zweiten Pulses ist nach 21 Flugsekunden geplant. Nach 27 Flugsekunden beendet das Ziel – abweichend von der Hypothese bzw. Prognose – sein Ausweichmanöver. Sofort plant die Optimierung eine neue Trajektorie, mit der das Ziel jetzt bereits nach etwas mehr als 65 s getroffen wird. Die entsprechende Trajektorie ist auch weniger überhöht. Es zeigt sich, dass die Annahme des „worst case" für eine konservative Planung der Trajektorie sorgt, die jederzeit zu leichter erreichbaren PIP's umgeplant werden kann. In diesem Fall steht der 7. Parameter, die Anzündzeit des zweiten Pulses, nicht mehr der Optimierung zur Verfügung, da diese Zündung bereits nach 23,3 s erfolgt ist (Abb. 5.40).

Die letztendliche Trajektorie wird in Abb. 5.41 gezeigt. Es ist gut zu erkennen, dass die Prädiktion bereits lange vor dem Treffer sehr präzise war. Der Verlauf der Lenkkommandos ist in Abb. 5.42 gezeigt. Die modellprädiktive Lenkung wird bis zur Restflugzeit von zwei Sekunden verwendet. In den letzten beiden Sekunden wird die PN als Lenkverfahren für das Endgame genutzt. Damit sind die Lenkkommandos unmittelbar vor dem Treffer zu erklären. Abschließend lässt sich feststellen, dass es mittels modellprädiktiver Lenkung gelingt, sehr schnell und flexibel Lösungen für Randbedingungen und Anforderungen zu finden, die unter Verwendung klassischer Verfahren nur mit erheblichem Entwurfsaufwand und heuristischen Ergänzungen zu finden wären. Demgegenüber steht ein nicht unerheblicher Aufwand bei der Implementierung. So benötigt jede Berechnung eines neuen Lenkkommandos zahlreiche Aufrufe der Gütefunktion, die ihrerseits zahlreiche Runge-Kutta-Integrationsschritte

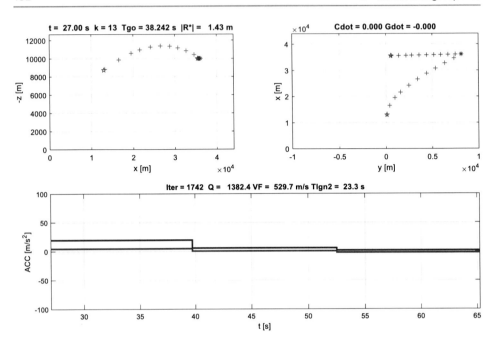

Abb. 5.40 Zustand der Lenkung nach 27 Flugsekunden

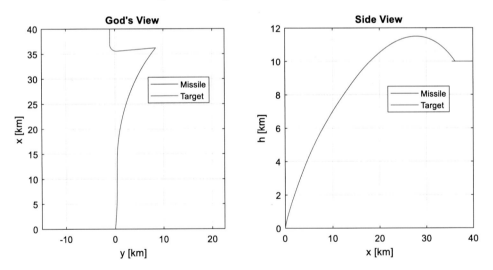

Abb. 5.41 Trajektorienverlauf

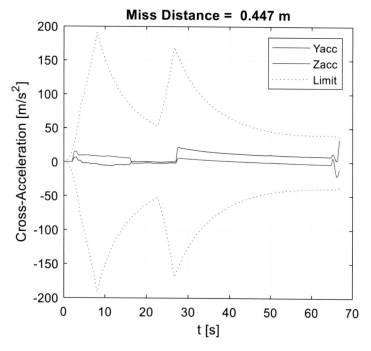

Abb. 5.42 Lenkkommandos der modellprädiktiven Lenkung

beinhaltet. Es ist allerdings möglich, die Optimierung auf eine Anzahl von Lenkzyklen zu verteilen, so dass beispielsweise nur in jedem zehnten oder sogar hundertsten Lenkzyklus eine neue Lösung benötigt wird. Solange beispielsweise die bordeigenen Sensoren noch keine Zielvermessung liefern und der Flugkörper auf Zielkoordinaten aus dem Datenlink zum Feuerleitsystem angewiesen ist, reicht es aus, die Optimierung nur für jeweils neu eintreffende Zieldaten zu berechnen und zwischen den Updates die letzte gültige Lösung zu verwenden.

5.5   Body Motion Isolation

Dieses Kapitel widmet sich einem besonders wichtigen Realisierungsaspekt: der notwendigen Isolation der Lenkung von den Flugkörperbewegungen. Bei der Ableitung der Lenkgesetze wurde die Realisierung in einem geeignet gewählten inertialen Koordinatensystem als wesentlichste Forderung aufgestellt. In der Praxis resultiert aus dieser trivial klingenden Forderung ein oft nichttriviales Problem: Die Bewegungen des zu lenkenden Flugkörpers dürfen das intern bestimmte inertiale Koordinatensystem nicht beeinflussen. Das zur Lenkung verwendete inertiale Koordinatensystem muss deshalb von den Flugkörperbewegungen hinreichend abgeschirmt werden. Diesen Realisierungsaspekt nennt man Body Motion Isolation oder, da eigentlich nur die Rotationsbewegungen kritisch sind, Body Rate Isolation.

Bis heute gibt es Flugkörper, die mit so genannten freien Kreiseln das inertiale Koordinatensystem zur Lenkung festhalten. Gern wurden und werden Infrarot-Zielsuchköpfe so aufgebaut, dass der äußere Hohlspiegel als Rotationskörper ausgeführt und in Drall versetzt zugleich als freier Kreisel verwendet wird. Ein solcher Kreisel ist bestrebt seine inertiale Ausrichtung ohne äußere Momente beizubehalten. Ist der Kreiselrahmen (Kardan) entsprechend hochwertig ausgeführt, so dass eine weitgehend kräftefreie Aufhängung des Rotationskörpers gegeben ist, dann stört sich so ein freier Kreisel nicht an den Bewegungen des Flugkörpers. Die inertiale Ausrichtung des Kreisels bleibt von den Drehraten des Flugkörpers unbeeinflusst.

Moderne Flugkörper verwenden fast nur noch Drehratensensoren, die fest mit der Flugkörperstruktur verbunden sind (quasi festgeschnallt – strapdown). Diese Drehratensensoren messen die inertialen Rotationen des Flugkörpers. Zugleich vermisst der Sucher des Flugkörpers die Sichtlinie zum Ziel. Auch der Sucher registriert die Bewegungen des Flugkörpers. Im Falle eines aktiv stabilisierten Suchers bleibt durch Auswertung der Messungen der inertialen Drehraten des Flugkörpers (Strapdown-Rechnung) das Rahmensystem aktiv auf das Ziel ausgerichtet. Diese aktive Stabilisierung mag zwar äußerlich so aussehen, als ob der Sucher tatsächlich inertial stabilisiert sei. In Wahrheit ist diese aktive Nachführung des Suchers aufgrund der elektromechanischen Trägheit grundsätzlich verzögert. Es kommt also darauf an, jeder Suchermessung der körperfesten Ausrichtung der Sichtlinie die korrekte inertiale Ausrichtung des Flugkörpers zuzuordnen, so dass die inertiale Sichtlinie korrekt bestimmt und die inertiale Sichtliniendrehrate geschätzt werden kann. Das hier behandelte Problem entsteht, wenn Suchermessung und die Drehratenmessung nicht präzise harmonieren. In diesem Falle wird ein Teil der Flugkörperrotation als Sichtliniendrehrate interpretiert. Dieser Anteil der Sichtliniendrehrate führt zu entsprechenden Lenkbewegungen, die erneut die Sichtliniendrehratenschätzung beeinflussen. Es entsteht eine unerwünschte Rückkopplung, die das Lenkverhalten verschlechtert bzw. die Lenkschleife destabilisiert.

Wie gravierend sich diese Rückkopplung auswirken kann, soll an einem einfachen analytischen Beispiel erläutert werden. Es wird dazu das in Abschn. 2.2 vorgestellte vereinfachte lineare Modell verwendet. Für die Lenkschleife in offener Kette gilt:

$$G_0(s) = \frac{N v_c}{R} \frac{\omega^2}{s^3 + 2D\omega s^2 + \omega^2 s} \qquad (5.55)$$

Schließt man die Lenkschleife, dann ergibt sich

$$G_C(s) = \frac{\dfrac{N v_c \omega^2}{R}}{s^3 + 2D\omega s^2 + \omega^2 s + \dfrac{N v_c \omega^2}{R}}. \qquad (5.56)$$

Der hier diskutierte Effekt wird hier erzeugt, indem die Anstellwinkelschwingung in die zur Lenkung verwendete Sichtliniendrehrate einkoppelt. Diese Einkopplung ergibt sich aus der Überlegung, dass der Anstellwinkel direkt aus der Inversion der Aerodynamik folgt. Der Anstellwinkel ergibt sich aus dem Auftriebsbeiwert und dem aerodynamischen Faktor k.

$$\alpha = kC_A \tag{5.57}$$

Für k wird

$$k = \frac{1}{\pi \Lambda} \tag{5.58}$$

bei einer Streckung von $\Lambda = 1,0$ verwendet. Der Auftriebsbeiwert ergibt sich aus der Flugkörpermasse, der Referenzfläche, dem Staudruck und der Querbeschleunigung des Flugkörpers.

$$C_A = \frac{m}{S_{ref} \bar{q}} \cdot a_M \tag{5.59}$$

Der Anstellwinkel ist damit eine lineare Funktion der Querbeschleunigung. Mit einer Masse von $100\,kg$, einer Referenzfläche von $0,05\,m^2$ und einem Staudruck von $200\,kPa$ bedeutet das

$$\alpha = \frac{1}{\pi \Lambda} \cdot \frac{m}{S_{ref} \bar{q}} \cdot a_M = k_\alpha a_M \approx 0,0032 \cdot a_M. \tag{5.60}$$

Entsprechend gilt für die zeitliche Ableitung des Anstellwinkels

$$\dot{\alpha} = k_\alpha \dot{a}_M \approx 0,0032 \cdot \dot{a}_M. \tag{5.61}$$

Diese Rate entspricht dem Messwert eines Kreisels für die Nickrate. Der zu untersuchende Effekt soll in Form eines Skalenfehlers in die zur Lenkung verwendete Sichtliniendrehrate einkoppeln. Dazu wird der Faktor BRI (Body Rate Influence) definiert. Das resultierende Blockdiagramm wird in Abb. 5.43 dargestellt. Beträgt dieser Einkopplungsfaktor beispielsweise 0,01, dann koppelt 1 % der (gemessenen) Flugkörperdrehrate auf die Sichtliniendrehrate ein. Um die Wurzelortskurve berechnen zu können, wird diese Schleife geeignet aufgetrennt. Es ergibt sich das in Abb. 5.44 dargestellte Blockdiagramm. Die Ausgangsgröße des Systems ist $-\dot{a}_M$.

Nach Multiplikation mit k_α ergibt sich die offene Kette zu

$$G_{BRI}(s) = \frac{k_\alpha N v_c \omega^2 s^2}{s^3 + 2D\omega s^2 + \omega^2 s + \dfrac{N v_c \omega^2}{R}}. \tag{5.62}$$

Die zugehörige Wurzelortskurve unter Verwendung der bereits im Abschn. 2.2 verwendeten Modellparameter ist in Abb. 5.45 dargestellt. Es wird sehr anschaulich, dass die Pole der Anstellwinkelschwingung mit zunehmender Einkopplung an Dämpfung verlieren und schließlich in die positive Halbebene wandern. Im vorliegenden Beispiel passiert das bereits

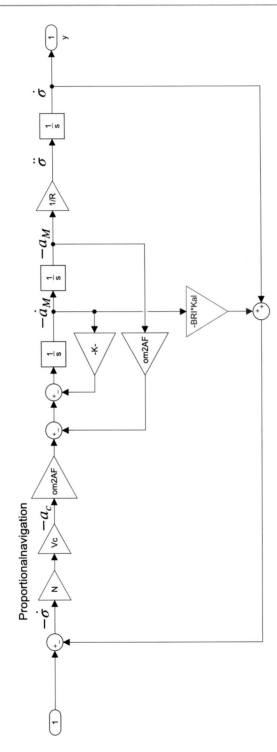

Abb. 5.43 Einkopplung der Anstellwinkelschwingung auf die Sichtliniendrehrate

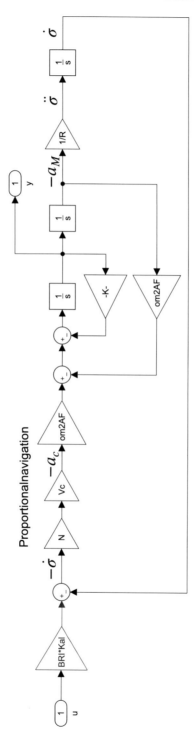

Abb. 5.44 Einkopplung der Anstellwinkelschwingung in offener Kette

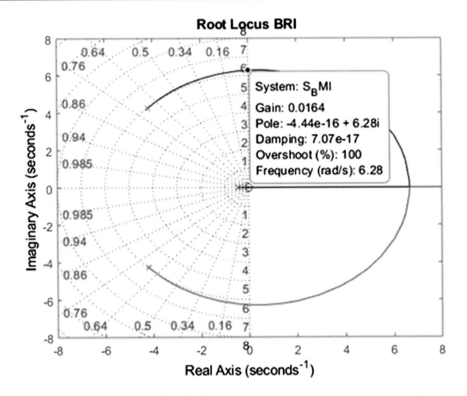

Abb. 5.45 Wurzelortskurve Body Rate Influence

bei einer Einkopplung von 1,64 %. Jedoch schon bei weit kleineren Werten verschlechtert sich das Lenkverhalten immens.

Auch hier ist aufgrund der Einfachheit des Modells noch eine analytische Lösung möglich. Die Übertragungsfunktion der geschlossenen Kette lautet:

$$G_C(s) = \frac{k_\alpha N v_c \omega^2 s^2}{s^3 + 2D\omega s^2 + \omega^2 s + \dfrac{N v_c \omega^2}{R}(1 - BRI \cdot k_\alpha R s^2)} \tag{5.63}$$

Nach Zusammenfassen der Polynomkoeffizienten erhält man:

$$G_C(s) = \frac{k_\alpha N v_c \omega^2 s^2}{s^3 + (2D\omega - N v_c \omega^2 \cdot BRI \cdot k_\alpha)s^2 + \omega^2 s + \dfrac{N v_c \omega^2}{R}} \tag{5.64}$$

Mit dem Nennerpolynom dritter Ordnung

$$N(s) = a_3 s^3 + a_2 s^2 + a_1 s + a_0 \tag{5.65}$$

ergibt sich die folgende Hurwitz-Determinante:

$$\Delta_2 = \begin{vmatrix} a_2 & a_0 \\ a_3 & a_1 \end{vmatrix} = a_1 a_2 - a_0 a_3 > 0 \qquad (5.66)$$

Durch Einsetzen der tatsächlichen Koeffizienten erhält man:

$$\Delta_2 = (2D\omega - Nv_c\omega^2 \cdot BRI \cdot k_\alpha)\omega^2 - \frac{Nv_c\omega^2}{R} > 0 \qquad (5.67)$$

$$\Delta_2 = 2D\omega - Nv_c\omega^2 \cdot BRI \cdot k_\alpha - \frac{Nv_c}{R} > 0 \qquad (5.68)$$

Die Lenkschleife bleibt demnach für

$$BRI < \frac{2D\omega - \dfrac{Nv_c}{R}}{Nv_c\omega^2 k_\alpha} = 0{,}0164 \qquad (5.69)$$

stabil. Damit bestätigt die in diesem einfachen Fall noch analytisch mögliche Lösung den oben numerisch per Wurzelortskurve bestimmten Wert. Die Empfindlichkeiten sind dieser analytischen Ableitung leicht zu entnehmen. Die Kritikalität steigt mit der Agilität der Lenkschleife. Je höher die Bandbreite des Flugkörpers und je höher die Lenkverstärkung, desto kritischer die Body Rate Isolation.

Die Body Motion Isolation ist eine wichtige Forderung an den Lenkentwurf und damit ein wesentlicher Realisierungsaspekt.

Algorithmische Werkzeuge

A

A.1   Extended Kalman Filter

Das lineare zeitdiskrete Kalman-Filter wird als notwendige Grundlage kurz hergeleitet bzw. der Nomenklatur halber wiederholt. Es sei ein lineares, zeitinvariantes, kontinuierliches (Index „kont") System in Zustandsraumdarstellung gegeben:

$$\dot{x} = A_{kont}x + B_{kont}u + v$$
$$y = Cx + Du + w \tag{A.1}$$

Das System besitzt n_x Zustände, n_u Eingangsgrößen und n_y Ausgangsgrößen. Dabei ist x der kontinuierliche n_x-dimensionale Zustandsvektor, u der n_u-dimensionale Vektor der Eingangsgrößen und v der wiederum n_x-dimensionale Vektor des Zustandsrauschens. Der n_y-dimensionale Vektor der Ausgangsgrößen wird mit y bezeichnet, wobei w den n_y-dimensionalen Vektor des Ausgangs- bzw. Messrauschens darstellt. Die quadratische $[n_x; n_x]$ Matrix A_{kont} wird als Zustandsmatrix bezeichnet, B_{kont} $[n_x; n_u]$ ist die Eingangsmatrix, C $[n_y; n_x]$ die Ausgangsmatrix und D $[n_y; n_u]$ der so genannte Durchgriff. Um die Zustände mittels Kalman-Filter schätzen zu können, ist die Forderung nach einer nicht sprungfähigen Systembeschreibung essentiell. Das heißt, die Matrix D darf keine von null verschiedenen Einträge haben. Oder praktisch formuliert, die Eingangsgrößen dürfen ausschließlich indirekt über die Zustandsgrößen die Ausgangsgrößen beeinflussen.

Für die üblicherweise zeitdiskrete Implementierung des Kalman-Filters wird die Systembeschreibung im Zustandsraum benötigt. Für den bezüglich der Zustände rekursiven Algorithmus gilt:

$$x_k = \Phi x_{k-1} + B u_k + v_k$$
$$y = C x_{k-1} + w_k \tag{A.2}$$

Der Index k bezeichnet den aktuellen Abtastschritt (bzw. $k-1$ den letzten Abtastschritt). Die Zustandsübergangsmatrix und die Eingangsmatrix ändern sich beim Übergang zum diskreten System mit der Abtastperiode ΔT:

© Der/die Herausgeber bzw. der/die Autor(en), exklusiv lizenziert durch Springer-Verlag GmbH, DE, ein Teil von Springer Nature 2022
T. Kuhn und W. Grimm, *Lenkverfahren*, https://doi.org/10.1007/978-3-662-64211-5

$$\Phi = e^{A_{kont} \cdot \Delta T}, \quad B = \int_0^{\Delta T} e^{A_{kont} \cdot t} dt \cdot B_{kont} \tag{A.3}$$

Falls A_{kont} nichtsingulär ist, ist

$$B = A_{kont}^{-1}(\Phi - I) \cdot B_{kont}. \tag{A.4}$$

Der Gedanke, unbekannte Zustände zu ermitteln, führt zwangsläufig auf ein benötigtes Parallelmodell (Abb. A.1). Dieses beinhaltet die zeitdiskrete Darstellung (A.2) des Zustandsraummodells des zugrundeliegenden Systems. Die geschätzten Werte für die Zustände und Ausgänge des Parallelmodells werden mit dem Dach „ˆ" gekennzeichnet. Das $1/z$-Glied bezeichnet eine Verzögerung der geschätzten Zustände um einen Abtastschritt. Das Parallelmodell wird mit den Eingangsgrößen des realen Systems betrieben und bei sehr guter Modellierung sowie der richtigen Wahl der Anfangswerte für die Zustände kann für eine gewisse Zeit eine Aussage bezüglich der Systemzustände getätigt werden. Eher früher als später wird jedoch der Ausgang des Parallelmodells nicht mehr mit dem Ausgang des realen Systems übereinstimmen. Spätestens dann ist die Bestimmung der Zustände über das Parallelmodell nicht mehr sinnvoll.

Der nächste gedankliche Schritt ist der zum Beobachter (Abb. A.2). Dazu wird das Parallelmodell korrigiert. Die Korrektur der Zustände erfolgt, indem der Schätzfehler am Systemausgang, nämlich die Abweichung der vom Parallelmodell vorhergesagten Ausgangsgrößen von den gemessenen Ausgangsgrößen des Systems auf die geschätzten Zustände des

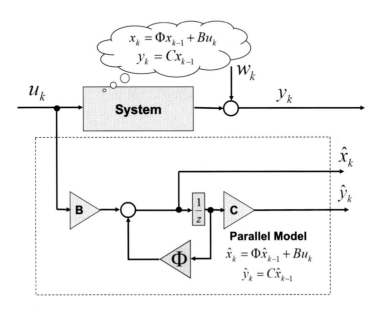

Abb. A.1 Parallelmodell

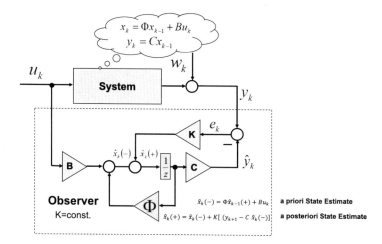

Abb. A.2 Beobachter

Parallelmodells zurückgeführt wird. Dafür wird eine geeignet bestimmte konstante Korrekturmatrix K (Dimension $[n_x; n_y]$) verwendet.

Die Zustände des Parallelmodells werden zunächst durch das Modell selbst vorhergesagt (a priori estimate), gekennzeichnet durch den Zusatz $(-)$ und anschließend durch den Korrekturterm korrigiert (a posteriori estimate), gekennzeichnet durch $(+)$. Damit ist ein so genannter Beobachter für die Systemzustände realisiert. Diese Art der Zustandsbeobachtung stellt bereits einen Sonderfall der Kalman-Filterung dar und wird auch als „Steady State Kalman Filter" bezeichnet. Der Schritt zum echten Kalman-Filter (Abb. A.3) besteht jetzt lediglich darin, die Korrekturmatrix variabel zu gestalten. Dazu wird eine Berechnungsvorschrift für die Korrekturmatrix K verwendet, die sicherstellt, dass der Schätzfehler des A-posteriori-Zustandsvektors nicht mit dem Schätzfehler der Ausgangsgrößen korreliert ist bzw. der Zustands- und der Ausgangsfehler statistisch orthogonal aufeinander stehen. Dieser Algorithmus ist das eigentliche Kalman-Filter. Den Kern bildet die Schätzung der Kovarianz des Zustandes. Auch für diese Kovarianz P wird eine A-priori-Vorhersage $P_k(-)$ berechnet. Diese ergibt sich aus der Propagation der korrigierten Kovarianz aus dem letzten Tastschritt und der Addition der Kovarianz des Zustandsrauschens Q.

$$P_k(-) = \Phi P_{k-1}(+)\Phi^T + Q \tag{A.5}$$

Mit dieser A-priori-Schätzung der Kovarianz und der Kovarianz des Messrauschens R wird die Korrekturverstärkung, die auch Kalman-Verstärkung genannt wird, berechnet.

$$K_k = P_k(-)C^T(C P_k(-)C^T + R)^{-1} \tag{A.6}$$

In Gl. (A.6) ist eine Matrix der Dimension $[n_y; n_y]$ zu invertieren. Diese Verstärkung wird sowohl zur A-posteriori-Korrektur der Zustände als auch der Kovarianz der Zustände ver-

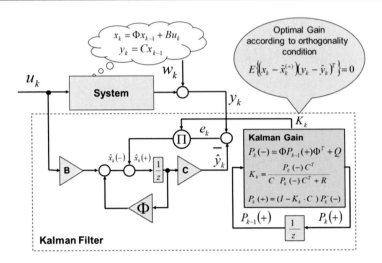

Abb. A.3 Kalman-Filter

wendet.

$$P_k(+) = (I - K_k C) P_k(-) \tag{A.7}$$

Diese auch in dem gelben Kasten dargestellten drei Gleichungen sind die Grundgleichungen des linearen Kalman-Filters. In dieser Berechnungsvorschrift werden die Kovarianz des Zustandsrauschens und des Messrauschens benötigt.

$$\begin{aligned} Q &= E\left\{ v_k v_k^T \right\} \\ R &= E\left\{ w_k w_k^T \right\} \end{aligned} \tag{A.8}$$

Des Weiteren werden die Startwerte benötigt. Dies sind die Erwartungswerte für die Zustände zu Beginn der Filterung und die Kovarianz des Anfangsfehlers.

$$\begin{aligned} \hat{x}_0(+) &= E\left\{ x_0 \right\} = \bar{x}_0 \\ P_0(+) &= E\left\{ (x_0 - \bar{x}_0)(x_0 - \bar{x})^T \right\} \end{aligned} \tag{A.9}$$

Die Erweiterung für den nichtlinearen Fall, der für die Anwendung des Kalman-Filters im Rahmen der Lenkverfahren benötigt wird, erfolgt, indem die linearen Zustandsgleichungen (A.2) der nichtlinearen Verallgemeinerung weichen müssen. Es gilt nunmehr:

$$\begin{aligned} x_k &= f(x_{k-1}, u_k, v_k) \\ y_k &= g(x_{k-1}, w_k) \end{aligned} \tag{A.10}$$

Die Anzahl der Zustände, Eingangs- und Ausgangsgrößen wird der Einfachheit halber beibehalten. Genau wie im linearen Fall wird eine A-priori-Prädiktion durchgeführt. Dazu wird die korrigierte A-posteriori-Schätzung des Zustands aus dem letzten Tastschritt verwendet.

$$\hat{x}_k(-) = f(\hat{x}_{k-1}(+), u_k, 0)$$
$$P_k(-) = A_k P_{k-1}(+) A_k^T + F_k Q F_k^T \tag{A.11}$$

Dabei sind A_k und F_k die Jacobi-Matrizen, d.h. die lokalen partiellen Ableitungen der Zustandsfunktion nach den Zuständen bzw. nach dem Zustandsrauschen.

$$A_k = \frac{\partial f(\hat{x}_{k-1}(+), u_k, 0)}{\partial x_{k-1}}$$
$$F_k = \frac{\partial f(\hat{x}_{k-1}(+), u_k, 0)}{\partial v_k} \tag{A.12}$$

Die Berechnung der Kalman-Verstärkung erfolgt nach demselben Verfahren wie in Gleichung (A.6), allerdings werden auch hier statt der im linearen Fall konstanten Matrizen die im aktuellen Schätzpunkt abgeleiteten Jacobi-Matrizen verwendet.

$$K_k = P_k(-) C_k^T \cdot (C_k P_k(-) C_k^T + G_k R G_k^T)^{-1} \tag{A.13}$$

Für die beiden Jacobi-Matrizen der Ausgangsfunktion gilt:

$$C_k = \frac{\partial g(\hat{x}_k(-), w_{k+1})}{\partial x_k}$$
$$G_k = \frac{\partial g(\hat{x}_k(-), w_{k+1})}{\partial w_{k+1}} \tag{A.14}$$

Die beiden Jacobi-Matrizen (A.14) sind für $w_{k+1} = 0$ auszuwerten. Mit der Kalman-Verstärkung wird die A-posteriori-Korrektur der Zustandsschätzung vorgenommen.

$$\hat{x}_k(+) = \hat{x}_k(-) + K_k \left[y_{k+1} - g(\hat{x}_k(-), 0) \right]$$
$$P_k(+) = (I - K_k C_k) P_k(-) \tag{A.15}$$

Sollte keine Messung vorliegen, so verwendet man einfach die A-priori-Prädiktion anstelle der A-posteriori-Korrektur im nächsten Tastschritt.

An dieser Stelle sei ein einfaches Beispiel für ein Zielfilter ausgeführt. Es sei ein Suchkopf verfügbar, der hochpräzise die körperfeste Peilung zum Ziel, beispielsweise unter Verwendung eines aktiv stabilisierten Infrarot-Sensors, sowie den Abstand zum Ziel, beispielsweise mit einem Radarsensor, vermisst. Die gelieferten Messwerte sind die Rahmenwinkel (1.22), (1.23) des Roll-Nick-Gimbals, die Ablagen auf dem Infrarotdetektor und der Abstand zum Ziel. Aus diesen Messwerten sollen die kartesischen Zustände des Ziels, nämlich die Position, Geschwindigkeit und Beschleunigung im inertialen Lenksystem, bestimmt werden. Zur Verfügung steht weiterhin das Navigationsergebnis aus der Strapdown-Rechnung, also die Lage, Position und Geschwindigkeit des eigenen Flugkörpers in Lenkkoordinaten.

Als Zustandsgrößen des Filters werden die zu schätzenden Zustände des Ziels sowie die Kovarianzmatrix dieser Zustände benötigt.

Zunächst werden diese internen Zustände geeignet initialisiert. Die Kovarianzmatrix der Zustände enthält dabei auf der Hauptdiagonalen die angenommenen Abweichungen (Fehler) der initialisierten Werte von den wahren Werten der Zustände.

$$\hat{x}_0(+) = \begin{pmatrix} \vec{x}_0 \\ \vec{v}_0 \\ \vec{a}_0 \end{pmatrix}$$

$$P_0(+) = \begin{pmatrix} E\left\{\Delta\vec{x}_0 \cdot \Delta\vec{x}_0^T\right\} & \underline{0} & \underline{0} \\ \underline{0} & E\left\{\Delta\vec{v}_0 \cdot \Delta\vec{v}_0^T\right\} & \underline{0} \\ \underline{0} & \underline{0} & E\left\{\Delta\vec{a}_0 \cdot \Delta\vec{a}_0^T\right\} \end{pmatrix} \qquad (A.16)$$

Anschließend werden die konstanten Jacobi- und Kovarianzmatrizen für das Extended Kalman Filter initialisiert. In diesem Beispiel wird eine konstante Zustandsübergangs- (Transitions-) Matrix A verwendet. Diese ergibt sich offensichtlich aus den linearen Zustandsgleichungen von Position, Geschwindigkeit und Beschleunigung.

$$A = \begin{pmatrix} \underline{I} & \Delta T \cdot \underline{I} & \dfrac{\Delta T^2}{2} \cdot \underline{I} \\ \underline{0} & \underline{I} & \Delta T \cdot \underline{I} \\ \underline{0} & \underline{0} & \underline{I} \end{pmatrix} \qquad (A.17)$$

Dabei steht $\underline{I}$ für eine (3x3)-Einheitsmatrix und $\underline{0}$ für eine (3x3)-Nullmatrix. Die Kovarianzmatrix des Zustandsrauschens Q wird so besetzt, dass sich nur die Beschleunigungen als Wiener-Prozess ändern können. Die Geschwindigkeit und Position hängt damit zwangsläufig von der geschätzten Beschleunigung ab.

$$Q = \begin{pmatrix} \underline{0} & \underline{0} & \underline{0} \\ \underline{0} & \underline{0} & \underline{0} \\ \underline{0} & \underline{0} & E\left\{\Delta\vec{a} \cdot \Delta\vec{a}^T\right\} \end{pmatrix} \qquad (A.18)$$

Weiterhin wird die Kovarianz des Messrauschens R benötigt. Diese enthält normalerweise auf der Hauptdiagonalen die Varianzen des Messrauschens der zu fusionierenden Sensoren. Im vorliegenden Beispiel wurde eine leicht modifizierte Lösung gewählt. Der erste Sensor sei der Radarmesskanal, der den Abstand zum Ziel mit einer hohen Genauigkeit vermisst. Die drei weiteren Kanäle repräsentieren einen Pseudo-Messwert, nämlich die Einheitssichtlinie (1.21) zum Ziel in körperfesten Koordinaten. Dieser Pseudomesswert wird aus den Rahmenwinkeln (1.22), (1.23) des Gimbals und den Ablagen der IR-Signatur auf dem Detektor berechnet. Um den Unterschied zum Abstand herauszustellen, wird die Kovarianzmatrix des Messrauschens $\underline{R}$ mit einem Unterstrich versehen.

$$\underline{R} = \begin{pmatrix} E\left\{\Delta R^2\right\} & \underline{0}_{(1,3)} \\ \underline{0}_{(3,1)} & E\left\{\Delta\sigma^2\right\}\cdot\underline{I} \end{pmatrix} \tag{A.19}$$

Dabei wird aus den Rahmenwinkeln die Transformationsmatrix (1.24) vom körperfesten in das Suchersystem bestimmt. Die eigentlichen Messwerte der Sensoren werden im Folgenden mit einer Tilde gekennzeichnet.

$$T_{Lf} = T_3(\tilde{\lambda}_y)\cdot T_1(\tilde{\lambda}_x) \tag{A.20}$$

Aus den Ablagen der IR-Messung wird die Einheitssichtlinie im Sichtliniensystem berechnet.

$$\vec{e}_f^{LOS} = T_{Lf}^T\cdot\begin{pmatrix} 1 \\ \tilde{\varepsilon}_y \\ -\tilde{\varepsilon}_z \end{pmatrix} \tag{A.21}$$

Würde der Flugkörper das Ziel perfekt anvisieren, so wäre

$$\vec{e}_f^{LOS} = T_{Lf}^T\cdot\begin{pmatrix} 1 \\ 0 \\ 0 \end{pmatrix}. \tag{A.22}$$

Der Peilungsfehler in der Praxis macht sich durch Ablagen auf der IR-Signatur bemerkbar. Ersetzt man die zwei Nullen durch die Ablagen, verbessert sich die Schätzung für die Einheitssichtlinie. Damit wird der Vektor der Messwerte aufgestellt.

$$\tilde{y} = \begin{pmatrix} \tilde{R} \\ \vec{e}_f^{LOS} \end{pmatrix} \tag{A.23}$$

Der tatsächlichen Messung (A.23) wird nun die Schätzung $\hat{y}$ für den Ausgang gegenüber gestellt. Aus der geschätzten Position des Ziels $\hat{\tilde{x}}_T$ und der per Strapdown-Rechnung bestimmten Position des eigenen Flugkörpers $\hat{\tilde{x}}_M$ werden die geschätzte Sichtlinie sowie deren Länge berechnet.

$$\hat{\tilde{R}}_G = \hat{\tilde{x}}_T - \hat{\tilde{x}}_M \tag{A.24}$$

Durch Normieren mit $\hat{R} = \left\|\hat{\tilde{R}}_G\right\|$ entsteht die geschätzte Einheitssichtlinie in Lenkkoordinaten.

$$\hat{\tilde{e}}_G = \frac{\hat{\tilde{R}}_G}{\hat{R}} \tag{A.25}$$

Diese wird mit der Richtungskosinusmatrix aus der Strapdown-Rechnung ins körperfeste Koordinatensystem transformiert.

$$\hat{\tilde{e}}_f = T_{fG}\hat{\tilde{e}}_G \tag{A.26}$$

Damit kann der geschätzte Messvektor aufgestellt werden.

$$\hat{\vec{y}} = \begin{pmatrix} \left\| \hat{\vec{R}}_G \right\| \\ \hat{\vec{e}}_f \end{pmatrix} \tag{A.27}$$

Zur Berechnung der Jacobi-Matrix der Messung werden die partiellen Ableitungen der Messwerte nach den Zuständen benötigt. Die Ableitung der Abstandsmessung nach der geschätzten Position ist:

$$\frac{\partial \hat{R}}{\partial \hat{\vec{x}}_T} = \frac{\hat{\vec{R}}_G^T}{\left\| \hat{\vec{R}}_G \right\|} \tag{A.28}$$

Die Ableitung der Abstandsmessung nach der geschätzten Geschwindigkeit bzw. der geschätzten Beschleunigung ist null.

$$\frac{\partial \hat{R}}{\partial \hat{\vec{v}}_T} = \frac{\partial \hat{R}}{\partial \hat{\vec{a}}_T} = \underline{0}_{(1,3)} \tag{A.29}$$

Für die Ableitung der Sichtlinie nach der geschätzten Position gilt:

$$\frac{\partial \hat{\vec{R}}_G}{\partial \hat{\vec{x}}_T} = \underline{I} \tag{A.30}$$

Die Ableitung der Einheitssichtlinie nach der geschätzten Position ergibt sich durch die Quotientenregel zu:

$$\frac{\partial \hat{\vec{e}}_G}{\partial \hat{\vec{x}}_T} = \frac{\underline{I} \cdot \left\| \hat{\vec{R}}_G \right\| - \hat{\vec{R}}_G \cdot \frac{\partial \hat{R}}{\partial \hat{\vec{x}}_T}}{\hat{R}^2} \tag{A.31}$$

Diese Ableitung wird ins körperfeste Koordinatensystem transformiert.

$$\frac{\partial \hat{\vec{e}}_f}{\partial \hat{\vec{x}}_T} = T_{fG} \cdot \frac{\partial \hat{\vec{e}}_G}{\partial \hat{\vec{x}}_T} \tag{A.32}$$

Die partiellen Ableitungen der Messungen nach der geschätzten Geschwindigkeit und der geschätzten Beschleunigung sind null.

$$\frac{\partial \hat{\vec{e}}_f}{\partial \hat{\vec{v}}_T} = \frac{\partial \hat{\vec{e}}_f}{\partial \hat{\vec{a}}_T} = \underline{0} \tag{A.33}$$

Damit kann die gesamte Jacobi-Matrix für die Messungen aufgestellt werden.

$$C = \begin{pmatrix} \dfrac{\partial \hat{R}}{\partial \hat{\vec{x}}_T} & \dfrac{\partial \hat{R}}{\partial \hat{\vec{v}}_T} & \dfrac{\partial \hat{R}}{\partial \hat{\vec{a}}_T} \\ \dfrac{\partial \hat{\vec{e}}_f}{\partial \hat{\vec{x}}_T} & \dfrac{\partial \hat{\vec{e}}_f}{\partial \hat{\vec{v}}_T} & \dfrac{\partial \hat{\vec{e}}_f}{\partial \hat{\vec{a}}_T} \end{pmatrix} \tag{A.34}$$

Der Schätzfehler am Ausgang ergibt sich als Differenz zwischen den gemessenen und den geschätzten Ausgangsgrößen:

$$\Delta \vec{y} = \tilde{y} - \hat{y} \tag{A.35}$$

Mit diesem Fehler wird der A-posteriori-Korrekturschritt gemäß Gleichungen (A.13) und (A.15) berechnet.

Abschließend folgt die A-priori-Prädiktion für den nächsten Tastschritt, die aufgrund der Linearität der Zustandsgleichungen einem einfachen Kalman-Filter entspricht.

$$\begin{aligned} x_k(-) &= A \cdot x_{k-1}(+) \\ P_k(-) &= A \, P_{k-1}(+) A^T + Q \end{aligned} \tag{A.36}$$

A.2 Strapdown Algorithmus

Mit Hilfe des Strapdown Algorithmus gelingt es, das inertiale Koordinatensystem auf Basis der Messungen körperfest eingebauter (strapdown) Inertialsensoren zu rekonstruieren. Zur Darstellung der Lage werden Quaternionen verwendet.

$$\vec{q}_G^f = \begin{pmatrix} q_1 \\ q_2 \\ q_3 \\ q_4 \end{pmatrix} \tag{A.37}$$

Üblicherweise sind die Eulerwinkel zwischen Lenk- und körperfesten Koordinaten zum Zeitpunkt der Initialisierung (Entriegelung) bekannt. Die Initialisierung der Quaternionen zwischen den inertialen Lenkkoordinaten und den körperfesten Koordinaten erfolgt dann durch

$$\vec{q}_G^f = \begin{pmatrix} \sin \dfrac{\Phi}{2} \cos \dfrac{\Theta}{2} \cos \dfrac{\Psi}{2} - \cos \dfrac{\Phi}{2} \sin \dfrac{\Theta}{2} \sin \dfrac{\Psi}{2} \\ \cos \dfrac{\Phi}{2} \sin \dfrac{\Theta}{2} \cos \dfrac{\Psi}{2} + \sin \dfrac{\Phi}{2} \cos \dfrac{\Theta}{2} \sin \dfrac{\Psi}{2} \\ \cos \dfrac{\Phi}{2} \cos \dfrac{\Theta}{2} \sin \dfrac{\Psi}{2} - \sin \dfrac{\Phi}{2} \sin \dfrac{\Theta}{2} \cos \dfrac{\Psi}{2} \\ \cos \dfrac{\Phi}{2} \cos \dfrac{\Theta}{2} \cos \dfrac{\Psi}{2} + \sin \dfrac{\Phi}{2} \sin \dfrac{\Theta}{2} \sin \dfrac{\Psi}{2} \end{pmatrix} \tag{A.38}$$

Zum gleichen Zeitpunkt werden die Anfangswerte ($k = 0$) für Geschwindigkeit und Ort initialisiert. Die Differenzialgleichung der Quaternionen ist gegeben durch

$$\frac{\mathrm{d}\vec{q}_G^f}{\mathrm{d}t} = \frac{1}{2} \begin{pmatrix} q_4 & -q_3 & q_2 \\ q_3 & q_4 & -q_1 \\ -q_2 & q_1 & q_4 \\ -q_1 & -q_2 & -q_3 \end{pmatrix} \begin{pmatrix} p \\ q \\ r \end{pmatrix} \tag{A.39}$$

Die Integration der Quaternionen erfolgt am besten durch das Trapezverfahren, da die Dreh-
ratenmessungen nur zu diskreten äquidistanten Zeitschritten k zur Verfügung stehen.

$$\vec{q}_G^f(k) = \vec{q}_G^f(k-1) + \frac{\Delta T}{2}\left(\frac{\mathrm{d}\vec{q}_G^f(k)}{\mathrm{d}t} + \frac{\mathrm{d}\vec{q}_G^f(k-1)}{\mathrm{d}t}\right) \tag{A.40}$$

Die Transformationsmatrix von den Lenkkoordinaten in die körperfesten Koordinaten ist
dann gegeben durch

$$T_{fG} = \begin{pmatrix} 2(q_4^2+q_1^2)-1 & 2(q_1q_2+q_4q_3) & 2(q_1q_3-q_4q_2) \\ 2(q_1q_2-q_4q_3) & 2(q_4^2+q_2^2)-1 & 2(q_2q_3+q_4q_1) \\ 2(q_1q_3+q_4q_2) & 2(q_2q_3-q_4q_1) & 2(q_4^2+q_3^2)-1 \end{pmatrix}. \tag{A.41}$$

Mit dieser Transformationsmatrix werden die Messungen der körperfest eingebauten (strapdown) Beschleunigungsmesser in das inertiale Koordinatensystem der Lenkung transformiert.

$$\vec{a}_G = T_{fG}^T \vec{a}_f \tag{A.42}$$

Dieser Beschleunigungsvektor kann dann ebenfalls mittels Trapezverfahren zu Geschwindigkeit und Position integriert werden. Somit ist ein minimalistisches Navigationsverfahren
realisiert und die für die Lenkung benötigten Angaben zum eigenen Flugkörper stehen zur
Verfügung.

A.3   Suchverfahren nach Nelder-Mead

Das von MATLAB in der Optimization Toolbox mit der Funktion *fminsearch* bereitgestellte
Verfahren ist der Suchalgorithmus nach Nelder-Mead. Dieses ist ein Optimierungsverfah-
ren zur Minimierung einer nichtlinearen Zielfunktion $Q(x)$ bzgl. eines n-dimensionalen
Parametervektors x ohne jede Nebenbedingungen.

$$\min\{Q(x)\} \tag{A.43}$$

In MATLAB wird die Zielfunktion $Q(x)$ als Handle an die Suchfunktion *fminsearch* über-
geben. Die Suchfunktion ruft im weiteren Verlauf der Suche immer wieder die Zielfunktion
auf.

Zur Nutzung im Rahmen der Lenkverfahren, insbesondere für das in Abschn. 5.4.6 vorgestellte Verfahren der modellprädiktiven Lenkung ist eine andere Art der Implementierung
vorteilhaft. Dabei werden die Zielfunktion $Q(x)$ und die Suchfunktion $S(Q, x)$ separat
implementiert. Auf diese Weise wird die Übergabe einer Funktion als Handle an eine andere
Funktion vermieden und damit eine Verwendung aus Simulink bzw. die Code-Generierung
bequem möglich. Der Verlauf ist dann folgender:

Erst wird die Zielfunktion für den Startwert berechnet.

$$Q_0 = Q(x_0) \tag{A.44}$$

Anschließend werden die Parameter für die Suche festgelegt.

```
OPT.InitialStep = 1.e-0;  % Stepsize for initial Simplex
OPT.MinStep = 1.e-6;      % Minimum Stepsize for Termination
OPT.MinEps = 1.e-12;      % Minimum Improvement for Termination
OPT.MaxIter = 200;        % Maximum Number of Iterations
```

Diese Parameter dienen dazu, die Anfangsschrittweite und die Abbruchkriterien zu definieren. Die eigentliche Suche erfolgt dadurch, dass die Such- und die Zielfunktion abwechselnd solange gerufen werden, bis das Abbruchkriterium erfüllt ist.

$$x_{k+1} = S(Q_k, x_k) \tag{A.45}$$

$$Q_{k+1} = Q(x_{k+1}) \tag{A.46}$$

Sobald die Schrittweite die minimale Schrittweite unterschreitet oder die Verbesserung der Gütefunktion den festgelegten Schwellwert unterschreitet oder die maximale Anzahl an Iterationen erreicht ist, wird die Suche abgebrochen.

Die eigentliche Suchfunktion arbeitet mit verschiedenen Arbeitsmodi. Der erste Modus ist die Initialisierung (Mode 0). Hier wird das erste Simplex aufgespannt. Ein Simplex ist ein $(n + 1)$-Eck im n-dimensionalen Parameterraum, wobei n die Anzahl der zu optimierenden Parameter darstellt. Im Sinne der Anschaulichkeit wird in der weiteren Darstellung mit $n = 2$ und der bekannten Rosenbrockschen Bananenfunktion gearbeitet. Damit ist das Simplex ein Dreieck in der Ebene. Das erste Simplex ergibt sich aus dem Startpunkt und der Anfangsschrittweite. Der Startpunkt wird in Abb. A.4 mit 1 bezeichnet. Die beiden anderen Ecken werden mit 2 und 3 bezeichnet und ergeben sich aus der Addition der Schrittweite in der jeweiligen Koordinatenrichtung zum Startpunkt. In den weiteren Modi werden die Funktionswerte des Simplex bestimmt. So wird im Modus 1 der vorliegende Funktionswert der Gütefunktion Q_1 der Ecke 1 zugewiesen und der Parametervektor x_2 der Ecke 2 von der Suchfunktion ausgegeben. Entsprechend ist der nächste Funktionswert Q_2, den die Gütefunktion berechnet, dieser Ecke zugehörig. Im Weiteren wird der Modus solange erhöht, bis allen Ecken des Simplex ein Funktionswert zugeordnet ist. Anschließend geht das Suchverfahren in den Reflexionsmodus. Dazu wird das Simplex nach den Gütefunktionswerten in aufsteigender Ordnung sortiert (Abb. A.5). Nunmehr bildet im gezeigten Beispiel der beste Funktionswert die erste und der schlechteste Funktionswert die dritte bzw. im allgemeinen Fall die $(n + 1)$-te Ecke. Die ehemalige Ecke 3 hat den besten Funktionswert und bildet nunmehr die neue Ecke 1. Dann wird der Mittelwert M der ersten beiden bzw. im allgemeinen Fall der ersten n Ecken des Simplex berechnet und als neuer zu berechnender Funktionswert die Reflexion R des schlechtesten Funktionswertes Q_3 ausgegeben. Reflexion bedeutet Punktspiegelung am Mittelpunkt M. Das Verfahren verbleibt im Reflexionsmodus. Mit Vorliegen des Funktionswerts zu R wird festgestellt, dass der Punkt R besser ist als die alte Ecke

3 und es ergibt sich ein neues Simplex (Abb. A.6). Die neue Ecke 2 ist der ehemalige Reflexi-
onspunkt *R*. Das Verfahren fährt im Reflexionsmodus fort und bestimmt einen neuen Punkt
R für die Berechnung des neuen Gütefunktionswertes. Dieser erweist sich als schlechter
als die 3 Ecken des vorhandenen Simplex. Im Kontraktionsmodus wird ein Kontraktionspunkt *C* zwischen dem Mittelwert der beiden besten Ecken *M* und der schlechtesten Ecke 3
bestimmt und die Berechnung des entsprechenden Funktionswertes angefordert (Abb. A.7).
Der Kontraktionspunkt erweist sich im gezeigten Beispiel als der beste der bisherigen Funktionswerte und bildet damit die Ecke 1 des neuen Simplex (Abb. A.8). Das Suchverfahren
fährt im Reflexionsmodus fort. Nach einer weiteren Kontraktion steigt das Simplex immer
weiter in das Rosenbrocksche Bananental ab und verkleinert sich immer weiter (Abb. A.9).
Mit diesen Erläuterungen sollte der entscheidende Unterschied zu der Implementierung der
Optimization Toolbox von MATLAB hinreichend dargestellt sein. Auf die Übergabe von
Handles auf Funktionen kann auf diese Weise verzichtet werden. Die Leistung des eigentlichen Suchalgorithmus bleibt identisch.

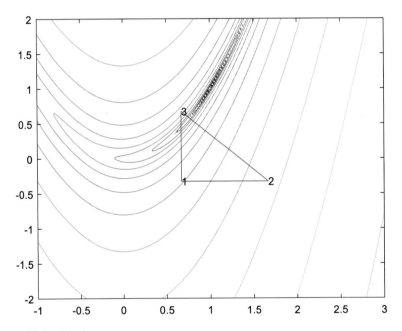

Abb. A.4 Initiales Simplex

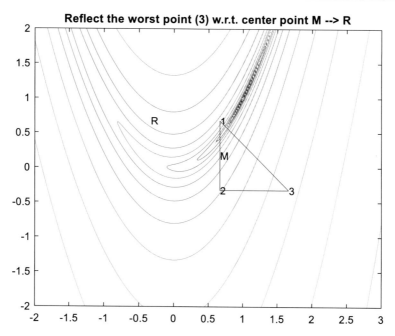

Abb. A.5 Reflexion des ersten Simplex

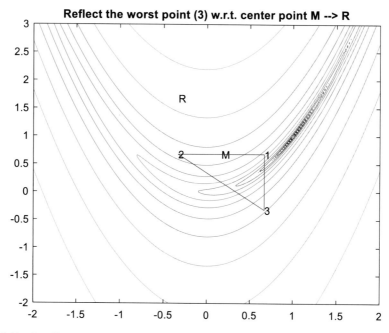

Abb. A.6 Zweites Simplex nach Reflexion

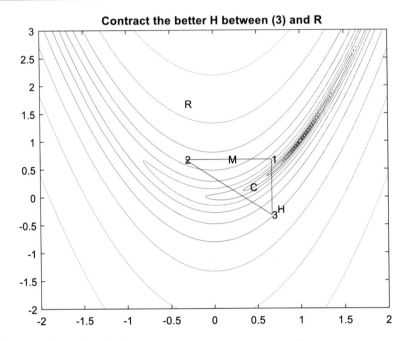

Abb. A.7 Kontraktion des Simplex

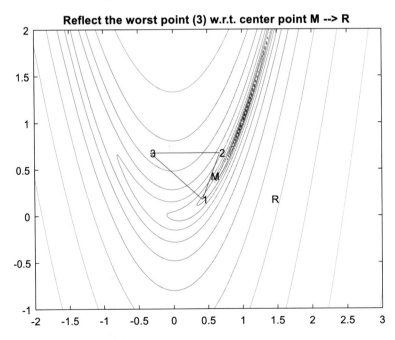

Abb. A.8 Simplex nach Kontraktion

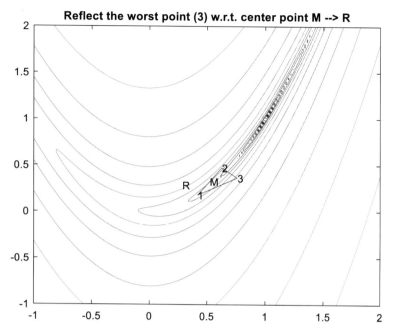

Abb. A.9 Simplex nach 13 Funktionsberechnungen

A.4   Integrationsverfahren nach Runge-Kutta

Jede Prädiktion der eigenen Flugbahn und der Zielflugbahn ist im Grunde eine vereinfachte Simulation. Zur sinnvollen Verwendung der Prädiktion innerhalb der Lenkverfahren ist eine ausreichende Präzision notwendig. Zugleich ist es jedoch wünschenswert, dass die benötigte Rechenzeit minimal ist. Die entsprechenden Vereinfachungen des Prädiktionsmodells und die zugehörige Schrittweitensteuerung sind in den weiter oben dargestellten Anwendungsbeispielen hinreichend erläutert. Eine weitere Steigerung der Präzision wird durch die Anwendung des Runge-Kutta-Verfahrens zur Integration möglich. Natürlich steigt durch die Berechnung der Zwischenableitungen der Rechenaufwand. Gleichzeitig kann aber die Schrittweite erhöht werden, so dass ein vernünftiger Kompromiss zwischen Präzision und Rechenaufwand möglich wird.

Das klassische Runge-Kutta-Verfahren wird verwendet, indem die Differentialgleichungen für Interceptor und Ziel getrennt als Funktionen implementiert werden und der Gradient durch viermaliges Aufrufen dieser Funktionen berechnet wird. Der Gradient G setzt sich aus den vier Ableitungen $K_{1,2,3,4}$ der Differentialgleichungen zusammen.

$$G_k(t_k, x_k) = \frac{K_1(t_k, x_k) + 2K_2(t_k, x_k) + 2K_3(t_k, x_k) + K_4(t_k, x_k)}{6} \tag{A.47}$$

Für die vier Ableitungen gilt.

$$K_1(t_k, x_k) = f(t_k, x_k)$$

$$K_2(t_k, x_k) = f\left(t_k + \frac{\Delta T}{2}, x_k + \frac{\Delta T}{2}K_1\right)$$

$$K_3(t_k, x_k) = f\left(t_k + \frac{\Delta T}{2}, x_k + \frac{\Delta T}{2}K_2\right) \tag{A.48}$$

$$K_4(t_k, x_k) = f(t_k + \Delta T, x_k + \Delta T K_3)$$

Für den Zustand am Ende $t_{k+1} = t_k + \Delta T$ des Integrationsschrittes ergibt sich folgende Rekursionsgleichung:

$$x(t_{k+1}) = x(t_k) + \Delta T \cdot G_k(t_k, x_k) \tag{A.49}$$

Der Zustandsvektor x (nicht zu verwechseln mit dem Parametervektor x aus dem vorangegangenen Kapitel) setzt sich zusammen aus den Positions- und Geschwindigkeitsvektoren von Interceptor und Ziel.

$$x = \begin{pmatrix} \vec{x}_M \\ \vec{v}_M \\ \vec{x}_T \\ \vec{v}_T \end{pmatrix} \tag{A.50}$$

Für die zu integrierende Differentialgleichung gilt:

$$\dot{x} = f(t, x) = \begin{pmatrix} \vec{v}_M \\ \vec{a}_M(t, x_M) \\ \vec{v}_T \\ \vec{a}_T(t, x_T) \end{pmatrix} \tag{A.51}$$

Die Verwendung des Runge-Kutta-Verfahrens liefert die zur Realisierung prädiktionsbasierter Lenkverfahren benötigte numerische Stabilität.

Simulationsmodelle

B

Zusammenfassung Im vorstehenden Text wird wiederholt auf Simulationsergebnisse eingegangen. In diesem Anhang werden die verwendeten Modelle vorgestellt und dokumentiert.

B.1   Allgemeines Flugkörpermodell

Es wurde ein einfaches, minimalistisches Flugkörpermodell erstellt, um die wesentlichen Realisierungsaspekte zu untersuchen. Dazu wurden nur die unbedingt zum Verständnis der grundlegenden Fragestellungen zur Lenkung notwendigen Flugkörpereigenschaften abgebildet. Praktisch bildet die Lenkung den Kern des Modells. Die Struktur des Modells ist in Abb. B.1 dargestellt. Das Modell wird zur Veranschaulichung einer ganzen Reihe von Lenkverfahren verwendet. Dabei unterscheiden sich jeweils nur die Lenkparameter (GuidPar). Der Block „Guidance" enthält umschaltbar bereits sämtliche behandelten Lenkverfahren. Aus diesem Grunde werden der Lenkung sämtliche von den verschiedenen Lenkverfahren benötigten Eingangsgrößen zur Verfügung gestellt, jedoch nicht notwendigerweise von jedem Lenkverfahren verwendet. Die jeweils benötigten und verwendeten Eingangsgrößen der Lenkung werden in den entsprechenden Kapiteln behandelt. Hier wird ausschließlich das Modell unabhängig vom verwendeten Lenkverfahren beschrieben. Alle Zustandsgrößen des Modells sind in inertialen Lenkkoordinaten über einer flachen, ruhenden Erde definiert. Es wird kein Wind berücksichtigt, so dass Anströmung ausschließlich durch die Fluggeschwindigkeit entsteht.

Das Subsystem „Target Model" errechnet nach einem vorgegebenen Zeitplan die inertialen Beschleunigungen des Ziels. Die Vorgaben werden im bahnfesten Koordinatensystem des Ziels erteilt und mit Hilfe der inertialen Zielgeschwindigkeit aus dem Integrator VT in das inertiale Koordinatensystem transformiert. Durch eine weitere Integration entsteht die inertiale Zielposition $\vec{x}_T$. Ebenso wird die vom Missile Model berechnete Beschleunigung

T. Kuhn und W. Grimm, *Lenkverfahren*, https://doi.org/10.1007/978-3-662-64211-5

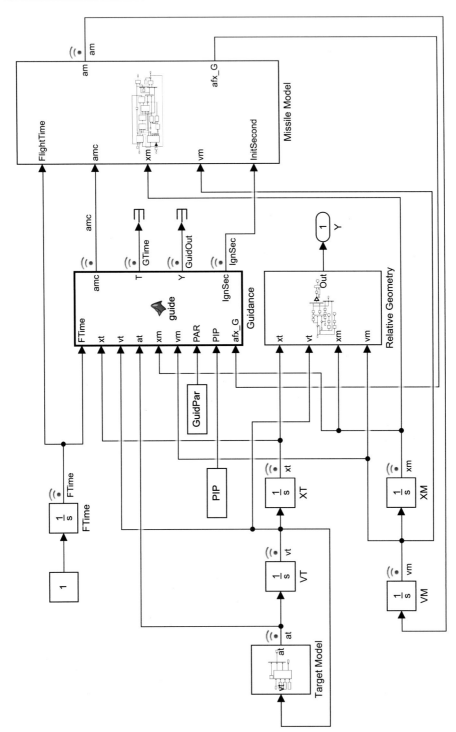

Abb. B.1 Simulationsmodell „Allgemeiner Flugkörper"

des Flugkörpers $\vec{a}_M$ von den Integratoren VM und XM zu dessen Geschwindigkeit und Position in inertialen Lenkkoordinaten integriert. Die im Subsystem „Guidance" abgebildete Lenkung verwendet alle diese Werte aus der Relativgeometrie. Das Subsystem „Stop Conditions" beendet die Simulation, sobald eine der folgenden Bedingungen erfüllt ist:

- Das Ziel unterschreitet die Flughöhe null ($z_T > 0$).
- Der Flugkörper unterschreitet die Flughöhe null ($z_M > 0$).
- Die Annäherungsgeschwindigkeit wird nach Ablauf der minimalen Simulationszeit negativ ($v_c < 0$).

Die dritte Bedingung bedeutet automatisch, dass der Zero Effort Miss (ZEM) erreicht worden ist. Dies gelingt, indem die Abbruchbedingungen von der Schrittweitensteuerung des Simulationsmodells berücksichtigt werden („enable zero crossing detection").

Das eigentliche Flugkörpermodell „Missile Model" ist in drei Freiheitgraden und damit sehr einfach ausgeführt. Die Struktur dieses Subsystems ist in Abb. B.2 dargestellt. Dieses Subsystem bestimmt aus der inertialen Flugkörpergeschwindigkeit und Position sowie dem Lenkkommando die inertiale Flugkörperbeschleunigung. Diese wird zusammengefasst aus der flugkörperfesten Beschleunigung, welche in das inertiale Koordinatensystem transformiert wird, und der Gravitation, die vereinfacht als Konstante in inertialer z-Richtung aufaddiert wird.

$$\vec{a}_{MG} = T_{Gf}\vec{a}_{Mf} + \begin{pmatrix} 0 \\ 0 \\ g_0 \end{pmatrix} \tag{B.1}$$

Dabei wird $g_0 = 9{,}81 \, \text{m/s}^2$ verwendet. Die körperfesten Beschleunigungen bestehen aus der Summe von Schub und Widerstand in körperfester x-Richtung sowie den vom Flugkörper realisierten Querbeschleunigungen in körperfester y- und z-Richtung. Für die x-Richtung gilt:

$$\vec{a}_{Mf}^x = \frac{F_{Thrust}(t_{Flight}) - F_{Drag}}{m(t_{flight})} \tag{B.2}$$

Dabei sind der Schubverlauf und der Masseverlauf als Lookup-Tabellen hinterlegt. Es ergeben sich die in Abb. B.3 dargestellten Zeitverläufe. Es handelt sich um einen insgesamt 200 kg schweren Flugkörper mit einer Treibstoffmasse von 100 kg. Der Raketenmotor entwickelt in den ersten vier Flugsekunden einen Schub von 25 kN (Boost) und ab dann nur noch 12.5 kN bis zum Ausbrand des Triebwerks bei 12 Sekunden (Sustain). Während der ersten vier Sekunden wird die erste Hälfte des Treibstoffs verbrannt. Der zugrundeliegende spezifische Impuls ist für beide Schubphasen gleich und beträgt 2000 m/s. In einem Beispiel wird ein zweiter, unabhängig zündbarer Treibsatz verwendet. Für diesen wurde der Sustainer in zwei Hälften zerlegt. Die erste Hälfte brennt unmittelbar nach der Boostphase ab (von der 4. bis zur 8. Sekunde des Fluges). Danach stehen nochmal vier Sekunden mit 12.5kN Schub zur Verfügung. Diese werden flexibel gezündet, sobald die Lenkung das IgnSecond-Signal setzt.

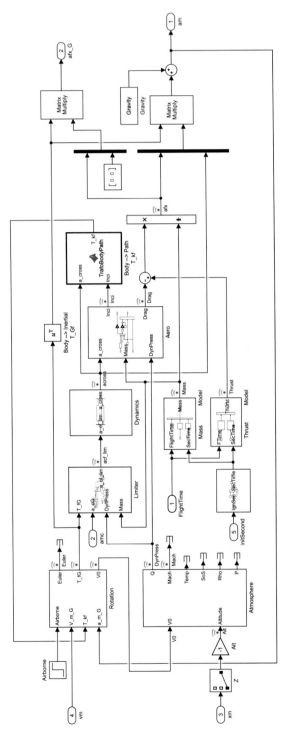

Abb. B.2 Subsystem „Missile Model"

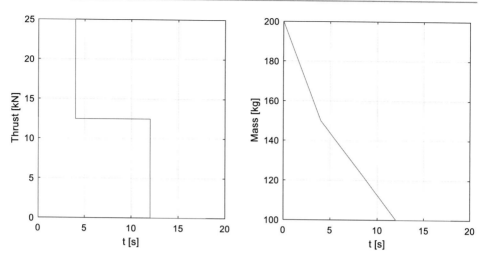

Abb. B.3 Schub- und Masseverlauf

Der aerodynamische Widerstand sowie der totale Anstellwinkel (Incidence) werden im Subsystem „Aero" (Abb. B.4) berechnet. Der Auftriebsbeiwert basiert auf dem Betrag der Querbeschleunigung, der Masse, der Referenzfläche (Sref) und dem Staudruck (DynPress). Es gilt:

$$C_A = \frac{\|\vec{a}_{cross}\| \, m}{S_{ref} \, \bar{q}} \tag{B.3}$$

mit den beiden Komponenten der körperfesten Querbeschleunigung:

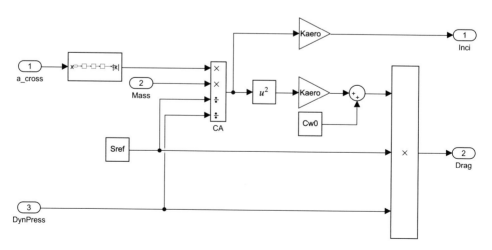

Abb. B.4 Subsystem „Aero"

$$\vec{a}_{cross} = \begin{pmatrix} a_{Mf}^{y} \\ a_{Mf}^{z} \end{pmatrix} \tag{B.4}$$

Der Staudruck wird im Atmosphärenmodell berechnet. Als Referenzfläche wird beim Flug-körper im Gegensatz zum Flugzeug die Kaliberfläche (und nicht die Flügelfläche) verwendet. Der gewählte Beispielflugkörper hat einen Durchmesser von 0.25 m und damit eine Refe-renzfläche von ca. 0.05 m^2. Der totale Anstellwinkel ergibt sich aus der Multiplikation mit dem Widerstandsfaktor k (Kaero).

$$\alpha_{tot} = kC_A \tag{B.5}$$

Für k wird

$$k = \frac{1}{\pi\Lambda} \tag{B.6}$$

bei einer Streckung von $\Lambda = 1.0$ verwendet. Der Widerstandsbeiwert bestimmt sich aus

$$C_W = C_{W0} + kC_A^2. \tag{B.7}$$

Als Nullwiderstand wird $C_{W0} = 0.2$ verwendet. Der Widerstand ergibt sich aus der Multi-plikation des Widerstandsbeiwerts mit der Referenzfläche und dem Staudruck.

$$F_{Drag} = S_{ref}\bar{q}C_W \tag{B.8}$$

Für den Staudruck gilt unter Vernachlässigung des Windes

$$\bar{q} = \frac{\rho}{2}\|v_M\|^2. \tag{B.9}$$

Die Luftdichte wird höhenabhängig vom Atmosphärenmodell (Standard-Atmosphäre) berechnet. Der Geschwindigkeitsvektor hat in bahnfesten Koordinaten (trivialerweise) die Darstellung

$$\vec{v}_{Mk} = v_M \cdot \begin{pmatrix} 1 \\ 0 \\ 0 \end{pmatrix}. \tag{B.10}$$

Mithilfe der Transformation

$$T_{fk} = T_2(\alpha) \cdot T_3(-\beta) = \begin{pmatrix} \cos\alpha\cos\beta & -\cos\alpha\sin\beta & -\sin\alpha \\ \sin\beta & \cos\beta & 0 \\ \sin\alpha\cos\beta & -\sin\alpha\sin\beta & \cos\alpha \end{pmatrix} \tag{B.11}$$

ergibt sich die körperfeste Darstellung

$$\vec{v}_{Mf} = v_M \cdot T_{fk} \cdot \begin{pmatrix} 1 \\ 0 \\ 0 \end{pmatrix} = v_M \cdot \begin{pmatrix} \cos\alpha\cdot\cos\beta \\ \sin\beta \\ \sin\alpha\cdot\cos\beta \end{pmatrix}. \tag{B.12}$$

Bei einem rotationssymmetrischen Flugkörper liegt die Querbescheunigung (B.4) in der Ebene, die vom Geschwindigkeitsvektor und der körperfesten Längsachse aufgespannt wird. In Abb. B.5 blicken wir von hinten auf die körperfeste (y,z)-Ebene, d.h., die Längsachse zeigt in die Anschauungsebene hinein. Rot markiert sind die Projektion des Geschwindigkeitsvektors auf die körperfeste (y,z)-Ebene und seine körperfesten y- und z-Komponenten. Der Geschwindigkeitsvektor und die körperfeste Längsachse schließen den totalen Anstellwinkel ein:

$$\cos \alpha_{tot} = \begin{pmatrix} 1 & 0 & 0 \end{pmatrix} \cdot \frac{\vec{v}_{Mf}}{v_M} = \cos \alpha \cdot \cos \beta \tag{B.13}$$

Aus der Gleichheit der Streckenverhältnisse der rot und schwarz markierten Strecken in Abb. B.5 und unter Beachtung gegensätzlicher Vorzeichen erhält man:

$$\frac{-a^z_{Mf}}{\|\vec{a}_{cross}\|} = \frac{-a^z_{Mf}}{\sqrt{\left(a^y_{Mf}\right)^2 + \left(a^z_{Mf}\right)^2}} = \frac{\sin \alpha \cdot \cos \beta}{\sin \alpha_{tot}} \tag{B.14}$$

$$\frac{-a^y_{Mf}}{\|\vec{a}_{cross}\|} = \frac{-a^y_{Mf}}{\sqrt{\left(a^y_{Mf}\right)^2 + \left(a^z_{Mf}\right)^2}} = \frac{\sin \beta}{\sin \alpha_{tot}} \tag{B.15}$$

Wir eliminieren $\cos \beta$ in (B.14) mithilfe von (B.13):

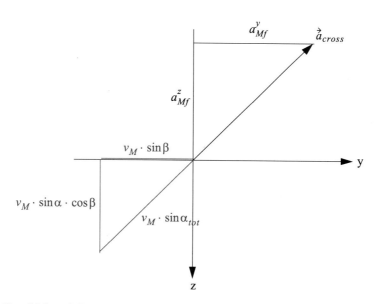

Abb. B.5 Draufsicht auf die körperfeste (y,z)-Ebene

$$\tan \alpha = \frac{-a_{Mf}^{z}}{\|\vec{a}_{cross}\|} \cdot \tan \alpha_{tot} \qquad (B.16)$$

Die Gleichungen (B.15) und (B.16) ermöglichen es, aus den körperfesten Komponenten der Querbeschleunigung und dem totalen Anstellwinkel α_{tot} auf den Anstellwinkel α und den Schiebewinkel β zu schließen.

Die körperfesten Querbeschleunigungen (y- und z-Achse) entstehen aus den identischen Übertragungsfunktionen für die Dynamik des geregelten Flugkörpers mit dem limitierten Querbeschleunigungskommando als Eingangsgröße. Diese Übertragungsfunktion lautet:

$$G(s) = \frac{\omega^2}{s^2 + 2D\omega s + \omega^2} \qquad (B.17)$$

Die Eigenfrequenz ist normalerweise von der Flugbedingung abhängig, wird in diesem vereinfachten Beispiel jedoch konstant bei $1.0\,\mathrm{Hz}$, d.h. $\omega = 2\pi$ gehalten. Als Dämpfungskoeffizient D wird 0.7 eingesetzt.

Das in Abb. B.6 dargestellte Subsystem „Limiter" berechnet die limitierten kommandierten Querbeschleunigungen. Zur Berechnung des aerodynamischen Querbeschleunigungslimits unter Verwendung eines vorgegebenen maximalen (totalen) Anstellwinkels von in diesem Beispiel 30° werden die nachfolgenden Gleichungen verwendet. Für das aerodynamische Querbeschleunigungslimit ergibt sich dann:

$$a_{Lim}^{Aero} = \frac{\bar{q}\,\alpha_{Max}\,S_{ref}}{mk} \qquad (B.18)$$

Als tatsächliches Querbeschleunigungslimit wird das Minimum aus aerodynamischem und strukturellem Limit verwendet. Das strukturelle Limit wurde auf $300\,\mathrm{m/s^2}$, d.h. ca. $30\,\mathrm{g}$ gelegt.

Das in inertialen Lenkkoordinaten gegebene Lenkkommando wird in das körperfeste Koordinatensystem transformiert. Die y- und die z-Komponente in körperfesten Koordinaten bilden die zu limitierende Querbeschleunigung.

Schließlich sind die Rotationen zu berechnen. Dabei handelt es sich bei der hier verwendeten, stark vereinfachten Modellierung nicht um Freiheitsgrade, denn diese Rotationen folgen zwangsläufig aus der translatorischen Bewegung. Diese Art der Modellierung eines Flugkörpers wird als 3DoF-Modell (3 Degrees of Freedom) bezeichnet, da nur die translatorischen Bewegungen wirklich frei sind. Dennoch wird die Lage des Flugkörpers, wenn auch als zwingend an die beschleunigte Längsbewegung gekoppelt, berücksichtigt. Das Subsystem „Rotation" ist in Abb. B.7 dargestellt. In diesem Subsystem wird zunächst die Beschleunigung des Flugkörpers vom inertialen in das körperfeste Koordinatensystem transformiert. Anschließend wird die körperfeste Beschleunigung in das bahnfeste Koordinatensystem transformiert. Aus dieser bahnfesten Beschleunigung werden die Drehraten der Bahn (PQRPath) gegenüber dem Inertialsystems bestimmt. Es gilt:

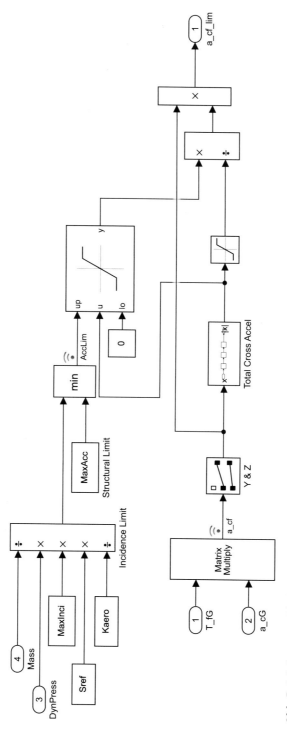

Abb. B.6 Subsystem „Limiter"

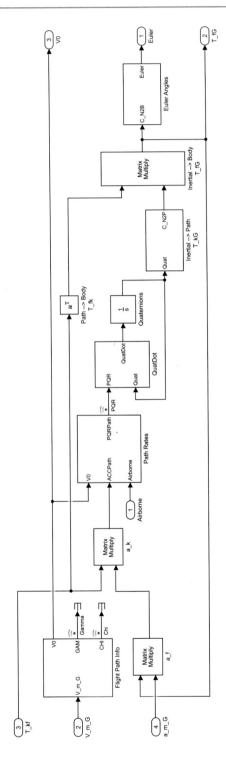

Abb. B.7 Subsystem „Rotation"

$$\vec{\omega}_G^{kG} = \begin{pmatrix} 0 \\ \dfrac{-a_{Mk}^z}{\|\vec{v}_M\|} \\ \dfrac{a_{Mk}^y}{\|\vec{v}_M\|} \end{pmatrix} \tag{B.19}$$

Ab dem Zeitpunkt der Bewegungsfreiheit des Flugkörpers mit dem Verlassen der Start-schiene zu $t_{airborne} = 0.1\,\text{s}$ werden diese Drehraten mittels Quaternionen-Differenzialgleichung zur Lage des bahnfesten Koordinatensystems integriert. Die Quater-nionen werden mit der Anfangslage des Flugkörpers initialisiert, da das körperfeste und das bahnfeste Koordinatensystem zu Beginn der Simulation identisch sind. Aus diesen Quater-nionen wird die Transformationsmatrix vom inertialen in das bahnfeste Koordinatensystem berechnet. Mit dieser wird die Transformationsmatrix vom bahnfesten in das körperfeste Koordinatensystem multipliziert und die benötigte Lageinformation (inertial zu körperfest) des Flugkörpers im Raum steht somit zur Verfügung.

B.2   Einfaches Modell einer ballistischen Rakete

Zur Veranschaulichung der Required-Velocity-Lenkung wird ein einfaches Modell einer ballistischen Rakete verwendet. Dieses soll an dieser Stelle kurz vorgestellt werden. Die oberste Ebene des Modells ist in Abb. B.8 dargestellt. Das Subsystem „Earth" stellt die globale Zeit und die Tansformationsmatrix von ECI zu ECEF bereit. Das Subsystem „Launch Site" erzeugt die initialen Zustandsgrößen für die ballistische Rakete und das Startsignal. Bis zum Startsignal wird die ballistische Rakete am geodätischen Startort (ECEF) festgehalten, wobei sich der inertiale Startort (ECI) aufgrund der Erdrotation permanent ändert. Erst mit dem Startsignal werden die Zustandsgrößen der ballistischen Rakete frei berechnet. Das eigentliche Modell der ballistischen Rakete (Ballistic Missile) befindet sich im Subsystem BM. In dieser Darstellung werden die strukturellen Zuordnungen der Algorithmen nicht in den Vordergrund gestellt. Vielmehr sollen die physikalischen Zusammenhänge aufgezeigt werden.

Solange die Rakete noch nicht gestartet wurde, bewegt sich diese im Inertialsystem mit ihrem geodätischen Startort mit der Erde. Die inertiale Geschwindigkeit dieser Bewegung ist gegeben durch

$$\vec{v}_I^{Earth} = \begin{pmatrix} -\omega_{Earth} \cdot y_I \\ \omega_{Earth} \cdot x_I \\ 0 \end{pmatrix} \tag{B.20}$$

Mit dieser Geschwindigkeit „wandert" der inertiale Startort der Rakete. Zugleich ändert sich auch die inertiale Lage. Dazu werden mit den in Kap. 1 vorgestellten Koordinaten-transformationen die Anfangslagewinkel in ECI berechnet und mit diesen Quaternionen initialisiert. Die Erddrehrate um die geozentrische z-Achse wird mit Hilfe dieser Quater-

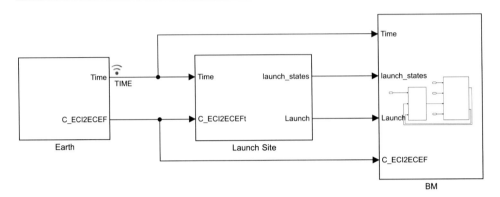

Abb. B.8 Struktur des Modells „bm_model"

nionen in das körperfeste Koordinatensystem transformiert. Mit dieser Rate dreht sich die Rakete am Startort relativ zum ECI-Koordinatensystem. Deshalb wird diese Rate zur Integration der Quaternionen verwendet. Zuerst wird mittels Gleichung (1.26) der geodätische Radius des Ellipsoiden am Startort berechnet, danach entsprechend Gleichung (1.27) der Abstand zum Erdmittelpunkt. Die Transformation vom geozentrischen ECEF in das lokale NED am Startort ist mit Gleichung (1.34) gegeben.

Da die Rakete senkrecht startet bzw. vor dem Start steht, ist lediglich die Elevation von $90°$ zu beachten. Die Ausrichtung der Rakete im lokalen NED ist damit

$$\vec{e}_N = \begin{pmatrix} 0 \\ 0 \\ -1 \end{pmatrix}. \tag{B.21}$$

Diese Lage wird mittels der in Gleichung (1.34) gegebenen Transformationsmatrix in das ECEF und anschließend mittels der Gleichung (1.33) gegebenen Transformationsmatrix in das ECI transformiert.

$$\vec{e}_I = \begin{pmatrix} e_{Ix} \\ e_{Iy} \\ e_{Iz} \end{pmatrix} = T_{IC} \cdot T_{NC}^T \cdot \vec{e}_N \tag{B.22}$$

Dann können die Lagewinkel im ECI zur Initialisierung der Quaternionen entnommen werden. Der Rollwinkel ist beliebig und wird deshalb auf Null gesetzt.

$$\begin{pmatrix} \Phi_I \\ \Theta_I \\ \Psi_I \end{pmatrix} = \begin{pmatrix} 0 \\ \arctan \frac{-e_{Iz}}{\sqrt{e_{Ix}^2 + e_{Iy}^2}} \\ \arctan 2\left(e_{Iy}, e_{Ix}\right) \end{pmatrix} \tag{B.23}$$

Mit diesen Lagewinkeln werden die Quaternionen der Rakete initialisiert und bis zum Start mit der Drehrate der Erde integriert. Nach dem Start der Rakete werden die Anströmgeschwindigkeit und die atmosphärische Höhe benötigt. Dazu wird die in Gleichung (1.33) gegebene Transformationsmatrix transponiert.

$$T_{CI} = T_{IC}^T \tag{B.24}$$

Die in der Simulation verwendeten translatorischen Zustandsgrößen sind die Position und die Geschwindigkeit der Rakete in ECI Koordinaten. Die Transformation in das ECEF ergibt für die Position

$$\vec{x}_C = T_{CI}\vec{x}_I = \begin{pmatrix} x_{Cx} \\ x_{Cy} \\ x_{Cz} \end{pmatrix} \tag{B.25}$$

und für die Geschwindigkeit

$$\vec{v}_C = T_{CI}\vec{v}_I = \begin{pmatrix} v_{Cx} \\ v_{Cy} \\ v_{Cz} \end{pmatrix}. \tag{B.26}$$

Daraus ergibt sich der geozentrische Breitengrad:

$$\varphi_C = \arctan \frac{x_{Cz}}{\sqrt{x_{Cx}^2 + x_{Cy}^2}} \tag{B.27}$$

Mit Hilfe dieses Breitengrades kann die Entfernung des Ellipsoiden vom Erdmittelpunkt berechnet werden.

$$\rho_{DC} = A\sqrt{\frac{1 - e^2}{1 - e^2 \cos^2 \varphi_C}} \tag{B.28}$$

Die im Atmosphärenmodell zur Bestimmung der Machzahl und der Luftdichte einzusetzende Flughöhe ergibt sich dann zu

$$H = \rho_C - \rho_{DC}. \tag{B.29}$$

ρ_C ist die Entfernung der Rakete zum Erdmittelpunkt, s. Abb. 1.9. Die Anströmgeschwindigkeit unter Vernachlässigung des Windes ergibt sich als die Differenz aus der Fluggeschwindigkeit im ECEF gemäß Gleichung (B.26) und der sich aus der Erdrotation ergebenden Geschwindigkeit gemäß Gleichung (B.20) zu

$$\vec{v}_C^{Aero} = \vec{v}_C - T_{CI}\vec{v}_I^{Earth}. \tag{B.30}$$

Um den Anstellwinkel und Schiebewinkel zu ermitteln, wird dieser Geschwindigkeitsvektor in das körperfeste Koordinatensystem transformiert. Dazu werden die aus den Quaternionen berechnete Transformationsmatrix vom ECI in das körperfeste Koordinatensystem und die mit Gleichung (1.33) gegebene Transformation vom ECI in das ECEF genutzt.

$$\vec{v}_f^{Aero} = T_{fI} T_{CI}^T \vec{v}_C^{Aero} \tag{B.31}$$

Literatur

[1] *Ballistische Lenkrakete Aggregat 4* (1942) https://commons.wikimedia.org/w/index.php?curid=61306257&uselang=de. Zugegriffen: 30 März 2021

[2] Martin FH (1966) Closed-loop near-optimum/steering for a class of space missions. AIAA J 4(11)

[3] Grosche G, Bronštejn IN, Semendjajev KA (1991) Taschenbuch der Mathematik. Nauka, Teubner, Moskau, Stuttgart, Leipzig

[4] Siouris GM (2004) Missile guidance and control systems. Springer, New York

[5] *Kettering Bug* https://commons.wikimedia.org/w/index.php?curid=920644 . Zugegriffen: 30 März 2021

[6] *Lenkbombe Fritz-X* (2006) https://commons.wikimedia.org/w/index.php?curid=84808892. Zugegriffen: 30 März 2021

[7] *Luftabwehrflugkörper „Wasserfall"* (1944) https://commons.wikimedia.org/w/index.php?curid=5418746&uselang=de#globalusage. Zugegriffen: 30 März 2021

[8] Grewal MS, Weill LR, Andrews AP (2007) Global positioning systems, inertial navigation and integration. Wiley, Hoboken

[9] *Marschflugkörper Fieseler-103 (V1)* (1944) https://commons.wikimedia.org/w/index.php?curid=482719. Zugegriffen: 30 März 2021

[10] Rollefson R (1957) Why so many missiles? Bull Atom Scientist 13(8)

[11] Battin RH (1964) Astronautical guidance. McGraw-Hill Electronic Sciences Series. McGraw-Hill, New York

[12] Battin RH (1982) Space guidance evolution – A personal narrative. J Guidance Control Dyn 5(2)

[13] Fichter W, Grimm W (2009) Flugmechanik. Shaker, Aachen

T. Kuhn und W. Grimm, *Lenkverfahren*, https://doi.org/10.1007/978-3-662-64211-5

Stichwortverzeichnis

Printed in the United States
by Baker & Taylor Publisher Services